Einfluss der Ladelufttemperatur auf den Ottomotor

Samir Kadunic

Einfluss der Ladelufttemperatur auf den Ottomotor

Ein Potenzial zur Steigerung von Wirkungsgrad und Leistung aufgeladener Motoren

Mit einem Geleitwort von Prof. Dr.-Ing. Helmut Pucher und Prof. Dr.-Ing. E.h. Bernd Wiedemann

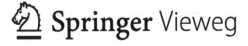 Springer Vieweg

Samir Kadunic
Berlin, Deutschland

Zugl. Dissertation, Technische Universität Berlin, 2014

ISBN 978-3-658-11135-9   ISBN 978-3-658-11136-6 (eBook)
DOI 10.1007/978-3-658-11136-6

Die Deutsche Nationalbibliothek verzeichnet diese Publikation in der Deutschen Nationalbi-
bliografie; detaillierte bibliografische Daten sind im Internet über http://dnb.d-nb.de abrufbar.

Springer Vieweg
© Springer Fachmedien Wiesbaden 2015

Springer Fachmedien Wiesbaden ist Teil der Fachverlagsgruppe Springer Science+Business Media
(www.springer.com)

Geleitwort

Gilt die Aufladung bei Pkw-Dieselmotoren heute praktisch als Standard, werden zunehmend aber auch Pkw-Ottomotoren aufgeladen, um das sog. *Downsizing* umsetzen zu können. Dieses besteht darin, die gewünschte Nennleistung über einen Motor mit relativ kleinem Hubvolumen darzustellen, der dazu entsprechend hoch aufgeladen werden muss. Die geringere Triebwerksreibung des kleineren Motors und seine im Betrieb ständig höhere Auslastung wirken sich positiv auf den Motorwirkungsgrad aus. Dabei ermöglicht Downsizing zusätzliche Sekundäreffekte im Gesamtfahrzeug. Der aufgeladene Ottomotor ist, zur Vermeidung des Klopfens, auf eine möglichst intensive Rückkühlung der vom Lader verdichteten Luft angewiesen. Mit herkömmlicher Ladeluftkühlung an Pkw-Motoren ist nur theoretisch Umgebungstemperatur erreichbar, praktisch liegt die Ladelufttemperatur deutlich darüber.

In der vorliegenden Arbeit wird unter Kombination von umfangreichen Motorprüfstandsversuchen und digitaler Motorprozess-Simulation untersucht, welche Verbesserungen hinsichtlich Leistungsdichte, Wirkungsgrad und Abgasemission sich erzielen lassen, wenn die Ladelufttemperatur unter die Umgebungstemperatur abgesenkt werden kann, und welche Konsequenzen sich für die Motorauslegung daraus ergeben. Auch wird exemplarisch vorgeführt, wie die Klimaanlage eines Pkw neben ihrer Hauptaufgabe zu solch intensivierter Ladeluftkühlung mit genutzt werden könnte. Die Treffsicherheit der Motorprozess-Simulation steht und fällt mit der Güte der Vorgabe des betriebspunktspezifischen Brennverlaufs, der sich mit geänderten Motorbetriebsbedingungen, so auch mit der Ladelufttemperatur, ändert. Der Verfasser entwickelte dazu ein auf seinen Motorversuchen basierendes, empirisches Rechenmodell, dessen Tauglichkeit er durch Rechnungs/Messungs-Vergleiche zu seinem Versuchsmotor und auch zu einem anderen Ottomotor überzeugend nachweisen konnte.

Die vorgelegten Ergebnisse können zum vertieften Verständnis des Verbrennungs- und insgesamt Prozessablaufs des aufgeladenen Ottomotors beitragen und mit der Vorauslegung und Applikation dieser Motorenkategorie befassten Ingenieuren wichtige Impulse für den Einsatz des heute unverzichtbaren Entwicklungswerkzeugs Motorprozess-Simulation geben, das die beeindruckende Entwicklung der motorischen Kennwerte erst ermöglicht hat.

Prof. Dr.-Ing. Helmut Pucher
Prof. Dr.-Ing. E.h. Bernd Wiedemann

Vorwort und Danksagung

Die vorliegende Dissertation entstand während meiner Tätigkeit als wissenschaftlicher Mitarbeiter am Fachgebiet Verbrennungskraftmaschinen der TU Berlin. Teile der experimentellen Untersuchungen wurden im Rahmen des Projekts *Heat2Cool* von der Forschungsgemeinschaft Verbrennungskraftmaschinen e. V. gefördert. Bestimmte experimentelle und simulative Untersuchungen wurden erst durch die Unterstützung der IAV GmbH ermöglicht. Dafür möchte ich mich herzlich bedanken.

Während meiner Zeit am Fachgebiet Verbrennungskraftmaschinen hatte ich die besondere Gelegenheit, von mehreren Fachgebietsleitern lernen zu dürfen und durch deren starke Persönlichkeiten geprägt zu werden. So hat Herr Prof. Helmut Pucher mit seinen hervorragenden Vorlesungen meine Begeisterung für Verbrennungskraftmaschinen entfacht. Er schlug mich für das Stipendiatenprogramm der Robert Bosch GmbH vor und motivierte mich durch seine bedingungslose Unterstützung, an seinem Fachgebiet zu promovieren. Ich freue mich daher ganz besonders, dass er diese Arbeit als Gutachter betreute, und möchte mich für seinen unermüdlichen Einsatz und seine kritischen aber stets wohlwollenden Anmerkungen herzlich bedanken.

Herr Prof. Bernd Wiedemann übernahm das Fachgebiet in turbulenten Zeiten und konnte es durch seine Entschlossenheit und seinen Mut bewahren. Ich hatte das große Glück in zahlreichen wertvollen Gesprächen, durch seine außerordentliche Erfahrung geformt zu werden. Seine volle Unterstützung, auch außerhalb des akademischen Rahmens, hat einen wesentlichen Anteil zum Gelingen dieser Arbeit beigetragen. Ich freue mich daher ganz besonders, dass er das Hauptreferat übernommen hat, und möchte auch ihm meinen herzlichen Dank aussprechen.

Herr Prof. Roland Baar räumte mir großen Freiraum in der wissenschaftlichen Arbeit ein, den ich für eigene Ideen nutzte. Dafür und für die Übernahme des Vorsitzes im Promotionsaus danke ich ihm.

Schließlich möchte ich auch Herrn Prof. Burghard Voß ausdrücklich dafür danken, sich kurzfristig als Gutachter für diese Arbeit zur Verfügung gestellt zu haben. Trotz der überschaubaren Zeit hat er keine Mühe gescheut und sich intensiv mit der Arbeit auseinandergesetzt.

Mein Dank gilt auch den Mitarbeitern des Fachgebiets Verbrennungskraftmaschinen. Vor allem die freundschaftliche Zusammenarbeit und der rege Austausch mit Florian Scherer und Holger Mai haben mir den nötigen Rückhalt für diese Arbeit gegeben.

Besonders möchte ich mich bei meinen vielen Studenten bedanken, die mit Ihren Abschlussarbeiten einen wichtigen Beitrag für diese Arbeit geleistet haben. Hervorheben möchte ich dabei Bastian Eberding, Jörg Urban und Bojan Jander ohne deren leidenschaftliche Unterstützung die Arbeit nicht in dieser Qualität entstanden wäre.

Berlin   Samir Kadunic

Abstract

This thesis contributes knowledge about the influence of extreme charge air cooling on the combustion in spark-ignition engines. It investigates a cost-efficient method to decouple charge air temperature from ambient temperature, employing close-to-production technology. Additionally, a model for combustion prediction is introduced, which is application-friendly and permits projection of characteristic thermodynamic properties and limits of engine operation from engine simulation at an early stage of engine development. For this reason, results from this thesis can be employed for the future development of highly efficient and environment-friendly spark ignition engines.

The first part of this thesis investigates the influence of various parameters of engine operation, particularly charge air temperature, on the combustion within the engine. Experiments were run on an engine dynamometer with a supercharged passenger car spark-ignition engine. A sensitivity analysis was performed beginning from six different significant points of the engine map. The influence of charge air temperature on engine operation is identified and compared to other parameters, employing measurements of more than 1000 points of engine operation.

The second part of this thesis examines the potential of charge air cooling for the improvement of efficiency and power density of a spark ignition engine. The influence on efficiency is researched in representative points of operation at low (NEDC), medium and high engine load. It is demonstrated, that intensive charge air cooling has no negative effect on engine efficiency or exhaust emissions, not even at low engine loads. At higher engine loads, extreme charge air cooling permits adjustment of air-fuel-ratio and ignition timing, which results in efficiency increases up to 20%, as measured on the engine dynamometer. The potential of charge air cooling for increased power density is quantified under close-to-production conditions. The results confirmed specific outputs of up to 150kW/dm³, which exceeds current industry standards as well as current predictions for the future.

The third part of this thesis discusses the application of the second part's results on spark-ignition engines. The employment of a passenger car's AC-compressor for charge air cooling below ambient temperature is analyzed. The stationary break-even engine-load is derived at various engine speeds, where engagement of the AC system becomes energy-efficient. Further on, potential is quantified for an increase in

Low-End-Torque, maximum torque and maximum power output through charge air cooling by the vehicle's AC system.

The last part of this thesis analyzes methods for the consideration of charge air temperature influence on the engine operating limits of supercharged spark-ignition engines during the lay-out phase of the development process. Attention is focused on the reliable prediction of the heat release rate. The empirical and phenomenological approaches known from literature are compared and assessed. Main criterion is each approach's capability to predict exhaust gas temperature and peak cylinder pressure. A new approach is developed to predict heat release and limits of engine operation, which is based and centered on the centre of heat release. The portability of this new approach towards other spark-ignition engines is tested and confirmed.

Kurzfassung

Die vorliegende Arbeit leistet einen Beitrag zum Wissen über den Einfluss von extremer Ladeluftkühlung auf die ottomotorische Verbrennung. Es wird eine seriennahe und kostengünstige Möglichkeit analysiert, um die Ladelufttemperatur von der Umgebungstemperatur zu entkoppeln. Des Weiteren wird ein anwenderfreundliches Modell zur Brennverlaufsvorausberechnung entwickelt, welches eine genaue Vorhersage wesentlicher thermodynamischer Kenngrößen und der Betriebsgrenzen des Ottomotors bereits bei dessen Auslegung in der Motorprozess-Simulation ermöglicht. Dadurch können die Erkenntnisse aus dieser Arbeit unmittelbar bei der Entwicklung hocheffizienter und umweltfreundlicher zukünftiger Ottomotoren eingesetzt werden.

Im ersten Teil werden die Einzeleinflüsse wichtiger Motorbetriebsparameter und insbesondere der Ladelufttemperatur auf den Brennverlauf und damit auf den Motorbetrieb bestimmt. Hierzu wird zu einem aufgeladenen Pkw-Ottomotor am Motorprüfstand, ausgehend von sechs verschiedenen Startpunkten im Motorkennfeld, jeweils eine Sensitivitätsanalyse durchgeführt. Anhand von mehr als 1000 am Prüfstand vermessenen Betriebspunkten wird der Einfluss der Ladelufttemperatur auf den Motorbetrieb relativ zu den anderen Parametern identifiziert.

Im zweiten Teil der Arbeit wird das Potenzial der Ladelufttemperatur zur Steigerung von Wirkungsgrad und Leistungsdichte des Motors untersucht. Dem Einfluss auf den Wirkungsgrad wird anhand von repräsentativen Betriebspunkten bei niedriger (NEFZ), mittlerer und hoher Last nachgegangen. Es wird gezeigt, dass selbst bei niedrigen Lasten eine niedrige Ladelufttemperatur weder einen negativen Effekt auf den Motorwirkungsgrad noch auf die Schadstoffemissionen hat. Hin zu hohen Motorlasten können bei extremer Ladeluftkühlung das Luftverhältnis und der Zündzeitpunkt optimiert werden, womit sich Wirkungsgradverbesserungen von über 20% am Prüfstand darstellen lassen. Der Einfluss der Ladeluftkühlung auf die Erhöhung der Leistungsdichte wird unter seriennahen Randbedingungen quantifiziert. Die Untersuchungen ergeben, dass bei einer Ladelufttemperatur von 0°C Literleistungen von bis zu 150kW/l erreichbar sind, was sowohl in Serie befindliche als auch die für absehbare Zukunft prognostizierten Literleistungen deutlich übertrifft.

Im dritten Teil der Arbeit wird die Anwendung der Ergebnisse aus dem zweiten Teil der Arbeit auf die Applikation von Ottomotoren diskutiert. Hierzu wird die Nutzung des Pkw-Klimakompressors als eine praxisnahe Möglichkeit zur Ladeluftkühlung unter die Umgebungstemperatur analysiert. Dazu wird unter Einsatz der Klimaanlage die stationäre Break-Even-Lastlinie bestimmt, ab der sich die Verwendung der

Klimaanlage energetisch lohnt. Des Weiteren wird die Anhebung des Low-End-Torque, des Volllastniveaus und der Nennleistung mittels Ladeluftkühlung durch den Pkw-Klimakompressor quantifiziert.

Im vierten und letzten Teil der Arbeit werden Methoden analysiert, wie der Einfluss der Ladelufttemperatur auf die Erweiterung der Motorbetriebsgrenzen von aufgeladenen Ottomotoren bereits bei der Auslegung berücksichtigt werden kann. Die verlässliche Abschätzung des Brennverlaufs steht dabei im Fokus. Die aus der Literatur bekannten empirischen und phänomenologischen Ansätze zur Brennverlaufsvorausberechnung werden vergleichend bewertet. Beurteilt wird dazu die Fähigkeit, des jeweiligen Ansatzes die Abgastemperatur und den maximalen Zylinderdruck vorauszusagen. Es wird ein – verbrennungsschwerpunktbasierter – Ansatz zur Vorausberechnung des Brennverlaufs und der Betriebsgrenzen entwickelt. Die Übertragbarkeit dieses Ansatzes auf andere Ottomotoren wird gezeigt.

Inhaltsverzeichnis

Abbildungsverzeichnis

Formelzeichen und Abkürzungen

Lateinische Buchstaben

Symbol	Bedeutung	Einheit
A	Fläche	cm²
A_f	Flammenfrontfläche	cm²
A_l	Flammenfrontfläche bei laminarer Verbrennung	cm²
A_t	Flammenfrontfläche bei turbulenter Verbrennung	cm²
a	Koeffizient der Wiebe-Funktion	–
b_e	spezifischer Kraftstoffverbrauch	g/kWh
COV_{pmi}	Variationskoeffizient der zyklischen Schwankungen	%
H_u	Heizwert	kJ/kg
h_E	spez. Enthalpie des aus dem Zylinder strömenden Arbeitsgases	J/kg
h_A	spez. Enthalpie des in den Zylinder strömenden Arbeitsgases	J/kg
h_Z	spezifische Enthalpie des Leckstroms	J/kg
l_T	charakteristische Taylorlänge	mm
M_D	Drehmoment	Nm
m	Formparameter des Wiebe-Brennverlaufs	–
m_A	ausgeströmte Masse	g
m_E	eingeströmte Masse	g
m_{Kr}	Masse Kraftstoff	g
m_{Le}	Masse des Leckstroms je Arbeitsspiel	g
$\dot{m}$	Massenstrom	g/s
$\dot{m}_e$	In die Flammenfront eingebrachter Massenstrom	g/s
m_e	der Verbrennung zugeführte Masse des Arbeitsgases	g
m_l	Luftmassenstrom	kg/h
$\dot{m}_v$	Massenumsatzrate	g/s
$\dot{m}_V$	Verdichtermassenstrom	kg/s
$\dot{m}_{V,0}$	Korrigierter Verdichtermassenstrom	kg/s
m_v	in Wärme umgesetzte Masse des Verbrennungsgases	g
n	Drehzahl	min⁻¹
p	Druck	bar
P_e	effektive Leistung	kW
p_L	Ladedruck	bar
p_{me}	effektiver Mitteldruck	bar
p_{mi}	indizierter Mitteldruck	bar
$p_{mi,LDW}$	Indizierter Mitteldruck während des Ladungswechsels	bar

PS_{max}	Zulässiger maximaler Scheitelwert der Druckamplitude	bar
p_{Zmax}	Maximaler Zylinderdruck	bar
Q_B	zugeführte Verbrennungsenergie je Arbeitsspiel	J
$Q_{B,ges}$	gesamte zugeführte Wärme des Wiebe-Brennverlaufs	J
Q_H	gesamte zugeführte Wärme je Arbeitsspiel	J
Q_W	Wandwärme je Arbeitsspiel	J
$s_{l,0}$	laminare Flammengeschwindigkeit im Referenzzustand	cm/s
s_l	laminare Brenngeschwindigkeit	cm/s
s_t	turbulente Brenngeschwindigkeit	cm/s
T	Temperatur	K
T_{AbgvT}	Abgastemperatur an der Messstelle am Turbineneintritt	°C
T_{Kolben}	Oberflächentemperatur des Kolbenbodens	K
$T_{Laufbuchse}$	Oberflächentemperatur der Laufbuchse	K
T_{Luft}	Ansauglufttemperatur	K
T_{nDK}	Lufttemperatur an der Messstelle nach Drosselklappe	°C
T_G	Temperatur des Arbeitsgases	K
T_U	Temperatur im unverbrannten Gemisch	K
T_{Umg}	Umgebungstemperatur	°C
T_W	Temperatur der Zylinderwand	K
T_{Zmax}	maximale Temperatur in der verbrannten Zone des Arbeitsgases	K
$T_{Zylinderkop}$	Oberflächentemperatur des Zylinderkopfs	K
U	innere Energie	J
$\bar{u}$	turbulente Schwankungsgeschwindigkeit	cm/s
V	Volumen	cm³
V_C	Kompressionsvolumen	cm³
V_H	Hubvolumen des Motors	cm³
V_h	Hubvolumen des Zylinders	cm³
V_{Miller}	Hubvolumen bei Anwendung des Millerverfahrens	cm³
X_{RG}	Massebezogener Restgasanteil des Arbeitsgases	%

Griechische Buchstaben

Symbol	Bedeutung	Einheit
α	allgemeiner Parameter	–
α	Wärmeübergangskoeffizient	kJ/K cm²
β	allgemeiner Parameter	–
Δ	Differenz	–
ε	Verdichtungsverhältnis	–
ε_{dyn}	dynamisches Verdichtungsverhältnis	–
ε_{geom}	geometrisches Verdichtungsverhältnis	–
ε_{max}	Maximales Verdichtungsverhältnis	–
ε_{Miller}	Verdichtungsverhältnis bei Anwendung des Millerverfahrens	–
η_e	effektiver Wirkungsgrad	%
η_i	indizierter Wirkungsgrad	%
κ	Isentropenexponent	–
λ	Luftverhältnis	–
λ_a	Luftaufwand	–
ρ_u	Dichte des unverbrannten Gemisches	kg/m³
τ_v	charakteristische Verbrennungszeit	s
φ	Kurbelwinkel	°KW
$\varphi_{2\%}$	Lage des 2%-Umsatzpunkts	°KW
$\varphi_{90\%}$	Lage des 90%-Umsatzpunkts	°KW
$\varphi_{95\%}$	Lage des 95%-Umsatzpunkts	°KW
$\varphi_{98\%}$	Lage des 98%-Umsatzpunkts	°KW
$\varphi_{99\%}$	Lage des 99%-Umsatzpunkts	°KW
$\varphi_{2-5\%}$	Brenndauer zwischen 2%- und 5%-Umsatzpunkt	°KW
$\varphi_{5-10\%}$	Brenndauer zwischen 5%- und 10%-Umsatzpunkt	°KW
$\varphi_{10-50\%}$	Brenndauer zwischen 10%- und 50%-Umsatzpunkt	°KW
$\varphi_{10-90\%}$	Brenndauer zwischen 10%- und 90%-Umsatzpunkt	°KW
φ_{BB}	Kurbelwinkel des Brennbeginns	°KW
φ_{BD}	Gesamtbrenndauer des Wiebe-Brennverlaufs	°KW

Abkürzungen und Indizes

Abkürzung	Bedeutung
0	Referenz
ASP	Arbeitsspiel
ATL	Abgasturbolader
BD	burn duration (Brenndauer)
CFD	Computational Fluid Dynamics (Numerische Strömungsmechanik)
CO	Kohlenstoffmonoxid
CO_2	Kohlenstoffdioxid
COP	coefficient of perfomance (Leistungszahl)
E5	Ethanol-Kraftstoff mit 5% Ethanolanteil
E10	Ethanol-Kraftstoff mit 10% Ethanolanteil
E85	Ethanol-Kraftstoff mit 85% Ethanolanteil
EU	Europäische Union
FF	Flammenfront
FSO	Full Scale Output (Maximalwert)
HC	Unverbrannte Kohlenwasserstoffe
HVA	Heizverlaufsanalyse
KD	Kondensator
KW	Kurbelwinkel
LDW	Ladungswechsel
LLK	Ladeluftkühler
MFB50	Verbrennungsschwerpunkt
MOZ	Motor-Oktanzahl
NEFZ	Neuer Europäischer Fahrzyklus
NO_X	Stickoxide
OEM	Original Equipment Manufacturer (Erstausrüster)
OFAT	One factor at a time
O/V	Oberflächen-Volumen-Verhältnis
PS	Scheitelwert der Druckamplitude
ref	Referenz
ROZ	Research-Oktanzahl
TDA	Thermodynamische Druckverlaufsanalyse
TUB	Technische Universität Berlin
VD	Verdampfer
VKM	Verbrennungskraftmaschine
ZOT	Zünd-oberer Totpunkt
ZZP	Zündzeitpunkt

1   Einleitung

Der Wohlstand in den Industrienationen basiert nicht zuletzt auch auf der Nutzung von chemisch gespeicherter Energie fossiler Brennstoffe. Fossile Brennstoffe wie Kohle, Erdöl und Erdgas sind letztlich zwar auch natürliche regenerative, biologische Brennstoffe, doch besteht zweifellos eine erhebliche Diskrepanz zwischen deren Regenerationsdauer und ihrem aktuellen schnellen Verbrauch durch die Menschheit. Zudem herrscht Einigkeit darüber, dass das durch die Nutzung fossiler Brennstoffe entstehende CO_2 einen Anteil an den anthropogenen Treibhausgasemissionen[1] hat. Nur etwa 14% des gesamten anthropogenen CO_2-Ausstoßes werden durch den Verkehrssektor, das heißt Schiffs-, Flug- und Straßenverkehr verursacht [52]. Trotz der geringen Einflussmöglichkeit auf die anthropogenen CO_2-Emissionen hat man sich in der Europäischen Union darauf verständigt, den Klimaschutz durch Reglementierung der CO_2-Emissionen von Automobilneufahrzeugen voranzutreiben.

Die Überschreitung des gesetzlich limitierten Fahrzeugflottenverbrauchs führt für Automobilhersteller, die ihre Fahrzeuge in der EU zulassen möchten, zu empfindlichen Geldstrafen. Der spezifische Kraftstoffnormverbrauch eines Flottenfahrzeugs wird in der EU anhand des Neuen Europäischen Fahrzyklus (NEFZ) ermittelt. Dieser beschreibt ein synthetisches Geschwindigkeits-Zeitprofil. Bei vielen gängigen Motor-Fahrzeugkombinationen wird im NEFZ, bis auf sehr kleine Zeitanteile, nur eine geringe spezifische Motorlast abverlangt.

Verbrennungsmotoren weisen bei sehr niedrigen Lasten prinzipbedingt einen hohen spezifischen Kraftstoffverbrauch auf. Eine bei Motorenherstellern sich zunehmend durchsetzende Methode, den Wirkungsgrad bei niedriger Last zu erhöhen, besteht im sogenannten Downsizing unter Einsatz der Aufladung [114]. Dabei werden zyklusrelevante Motorbetriebspunkte mit großen Zeitanteilen hin zu höheren spezifischen Lasten und damit in wirkungsgradgünstigere Bereiche des Motorkennfeldes verschoben.

Ausgehend vom Betriebspunkt geringsten spezifischen Kraftstoffverbrauchs, steigen in Richtung Motorvolllast, insbesondere bei aufgeladenen Ottomotoren, allerdings maßgeblich die thermische und mechanische Bauteilbelastung sowie auch die Gefahr von Motorschäden durch klopfende Verbrennung. Um einen störungsfreien Be-

---

[1] Zu den wesentlichen anthropogenen Treibhausgasen zählen neben Kohlenstoffdioxid noch Methan (Viehwirtschaft) und Lachgas (Landwirtschaft). CO_2 macht zwar mit 65% den größten Anteil aus, doch ist das Treibhauspotenzial von Methan (Faktor 25) und Lachgas (Faktor 298) deutlich höher.

trieb auch in diesem Lastbereich zu gewährleisten, kommt bei aufgeladenen Ottomotoren der Ladeluftkühlung eine besonders große Bedeutung zu. Bei in Serienmotoren eingesetzten Ladeluftkühlsystemen ist die minimal erreichbare Ladelufttemperatur durch die Temperatur der Umgebung vorgegeben. Das heißt, Ladelufttemperatur und erreichbare Motorleistung sind im realen Fahrbetrieb direkt abhängig vom Package und von den klimatischen Verhältnissen am Einsatzort.

Habermann [40] zeigt, dass die Ladelufttemperatur eine direkte Auswirkung auf die Verbrennung haben kann. Hätte die Ladelufttemperatur grundsätzlich einen signifikanten Einfluss auf die Verbrennung und damit den Motorbetrieb, wäre es wünschenswert, analog zur Fahrzeuginnenraumklimatisierung, diese sowohl vom Fahrzustand als auch von der Temperatur der Umgebung entkoppeln zu können. Der dadurch, in bestimmten Grenzen, gewonnene Freiheitsgrad ließe sich schon bei der Entwicklung von Ottomotoren berücksichtigen, wodurch Wirkungsgrad und Leistungsdichte gesteigert werden könnten.

In der Entwicklung von Ottomotoren dürfte der Trend des Downsizings auf absehbare Zeit noch anhalten. Spangenberg [98] verdeutlichte auf dem 34. Wiener Motorensymposium, dass in Zukunft der maximale Zylinderduck von aufgeladenen Ottomotoren noch deutlich gesteigert und sich damit in einem Bereich befinden werde, der bislang lediglich Dieselmotoren vorbehalten war. Die in Zukunft erreichbaren Wirkungsgrade und Leistungsdichten des aufgeladenen Ottomotors werden maßgeblich davon abhängen, welche Werte für den maximalen Zylinderdruck noch klopffrei darstellbar sind. Die Beherrschung der Ladelufttemperatur könnte das Potenzial bieten, die Klopfgrenze der Verbrennung in den angestrebten Zylinderdruckbereich zu verschieben.

2 Zielsetzung

Die Ziele dieser Arbeit sind die Identifikation des Potenzials der Ladelufttemperatur zur Anhebung der Leistungsdichte und des Wirkungsgrads des aufgeladenen Ottomotors, eine Untersuchung der seriennahen Entkopplung der Ladelufttemperatur von der Umgebungstemperatur und die Untersuchung der Eignung vorhandener Ansätze zur Brennverlaufsumrechnung im Rahmen der Motorprozess-Simulation zur Vorausberechnung der Motorbetriebsgrenzen.

Das Erreichen dieser Zielsetzung soll in vier Schritten erfolgen:

(1) Identifikation des Motor-Kennfeldbereiches, in dem die Ladelufttemperatur sich signifikant auf die Verbrennung bzw. den Motorbetrieb auswirkt

(2) Bestimmung des Potenzials der Ladelufttemperatur zur Steigerung der Leistungsdichte

(3) Nutzenabschätzung einer Ladeluftkühlung mittels Pkw-Klimaanlage

(4) Analyse verschiedener Ansätze der Brennverlaufsvorausberechnung im Hinblick auf ihre Eignung zur Vorhersage des Brennverlaufes im aufgeladenen Betrieb

3 Grundlagen und Stand der Technik

3.1 Ottomotorische Gemischbildung und Verbrennung

Erst die Direkteinspritzung, im Gegensatz zur äußeren Gemischbildung durch Vergaser oder Saugrohreinspritzung, hat dem aufgeladenen Ottomotor zur breiten Marktdurchdringung verholfen. Die direkte Einspritzung des Kraftstoffs in den Brennraum und die mit der anschließenden Verdampfung einhergehende Innenkühlung ermöglichen es, klopffrei so hohe Verdichtungsverhältnisse darzustellen, dass auch in der Motorteillast ein akzeptabler Kraftstoffverbrauch erreicht wird [112]. Im Gegensatz zum Dieselbrennverfahren sind beim Ottomotor Gemischbildung und Verbrennung grundsätzlich zeitlich voneinander getrennte Vorgänge. Im Ottomotor mit sogenannter homogener Verbrennung hat die Gemischbildung die Aufgabe, ein gleichmäßig im Brennraum verteiltes, möglichst gasförmiges Kraftstoff-Luftgemisch herzustellen [111]. Die Entflammung dieses Gemisches erfolgt durch die Zündkerze. Von der Zündkerze ausgehend, breitet sich die Flammenfront räumlich aus und entzündet sukzessive das unverbrannte Gemisch. Die ottomotorische Verbrennung entspricht im Wesentlichen einer turbulenten vorgemischten Gasflamme [120].

3.1.1 Gemischbildung

Der Zweck der Gemischbildung besteht in der Bereitstellung eines zündfähigen Kraftstoff-Luft-Gemisches. Die Güte der Gemischbildung bestimmt maßgeblich auch die Schadstoff-Emissionen der Verbrennung und die Intensität der zyklischen Schwankungen des Zylinderdruckverlaufs. Im Homogenbetrieb wird eine gleichmäßige Verteilung der Kraftstoffteilchen in der Luft angestrebt. Damit genügend Zeit für eine gute Homogenisierung des Gemisches zur Verfügung steht, wird der Kraftstoff bereits während des Saughubes eingespritzt. Die Gemischbildung im Brennraum gliedert sich in folgende Teilschritte [24]:

- Kraftstoffdosierung
- Gemischaufbereitung
- Gemischverteilung

Die Kraftstoffdosierung erfolgt mit dem Injektor, Abb. 1. Die Einbringung der gewünschten Kraftstoffmenge in den Brennraum wird durch den Einspritzdruck[2] und die

---

[2] Der Raildruck des Common-Rail-Systems liegt beim Ottomotor bei etwa 200 bar und damit eine Zehnerpotenz niedriger als beim Dieselmotor.

Einspritzdauer gesteuert. Für die sich unmittelbar anschließende Zerstäubung und Verdampfung des Kraftstoffs ist die rasche Ausbildung kleiner Tropfen hilfreich. Förderlich dafür sind [113]:

*   kleine Düsenlochdurchmesser

*   hoher Einspritzdruck

*   hohe Luftdichte

*   geringe Zähigkeit und niedrige Oberflächenspannung des Kraftstoffs

In der Zone des *Primärzerfalls* beginnt die Auflösung des Kraftstoffstrahls. Die wesentlichen Wirkmechanismen dafür sind die Kavitation in der Düse und die Turbulenz am Düsenaustritt [6]. Im Bereich des *Sekundärzerfalls* beginnt die Aufweitung des Kraftstoffstrahls und es kommt zum eigentlichen Strahlzerfall in kleine Tröpfchen. Der Kraftstoff gerät in intensiven Kontakt mit der Luft, wodurch aerodynamische Scherkräfte auf ihn wirken [67].

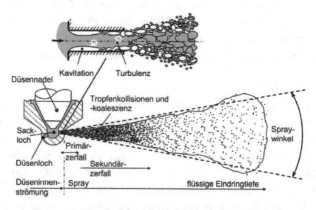

Abb. 1: Schematische Darstellung der Einspritzung und des Strahlzerfalls [74]

Die Weber-Zahl charakterisiert diesen Strahlzerfall. Sie beschreibt das Verhältnis von deformierender, den Strahlzerfall begünstigender Trägheitskraft zu den Strahl stabilisierender Oberflächenkraft. Die Trägheitskraft wird durch die Luftdichte, den Tropfendurchmesser und die Relativgeschwindigkeit zwischen der Luft und dem Kraftstoff definiert. Die Ladelufttemperatur steht in direktem Zusammenhang mit der Luftdichte. Eine niedrigere Ladelufttemperatur erhöht die Dichte der Luft und wirkt sich tendenziell positiv auf die Zerstäubungsgüte aus. Da allerdings die Relativgeschwindigkeit zwischen Kraftstofftropfen und Luft quadratisch in die Berechnung der Trägheitskraft eingeht, hat sie den größten Einfluss. Die Relativgeschwindigkeit hängt nicht signifikant von der Ladelufttemperatur ab. Sie wird bestimmt von der Ladungsbewegung auf der Luftseite und der Düsenlochgeometrie in Verbindung mit dem Einspritzdruck auf der Kraftstoffseite. Eine geringe Oberflächenspannung des Kraftstoffs wirkt sich positiv auf eine feine Zerstäubung aus. Die Oberflächenspannung hängt neben der Kraftstoffzusammensetzung wesentlich von der Kraftstofftemperatur ab. Aufgrund der kurzen Zeitdauer und des geringen Wärmeaustausches während des Strahlzerfalls, noch während des Saughubs, hat die Ladelufttemperatur nur eine geringe Auswirkung auf die Oberflächenspannung [7]. Der Einfluss der Ladelufttemperatur auf den Strahlzerfall scheint also insgesamt vernachlässigbar zu sein.

Eine gute Zerstäubung ist die grundlegende Voraussetzung für eine schnelle und vollständige Verdampfung des Kraftstoffs in der Luft. Der Kraftstoff verdampft, indem er seiner unmittelbaren Umgebung die dafür notwendige Verdampfungsenthalpie entzieht. Das heißt, es findet ein Wärmeübergang von der Luft in den Kraftstoff statt. Neben einem günstigen Wärmeübergangskoeffizienten sind für eine rasche Verdampfung die Größe der wärmeübertragenden Fläche und die Temperaturdifferenz zwischen Luft und Kraftstoff entscheidend. Eine feine Zerstäubung bewirkt eine große spezifische Oberfläche der Kraftstofftropfen [104].

Die Ladelufttemperatur hat einen wichtigen Einfluss auf die treibende Temperaturdifferenz. Eine hohe Ladelufttemperatur bewirkt eine große, die Wärme in den Kraftstoff treibende Temperaturdifferenz. Dadurch nimmt die Zeitdauer für die Verdampfung ab und es bleibt genügend Zeit für die gleichmäßige Verteilung des Gemisches im Zylinder. Für die Verteilung des Gemisches ist eine hinreichende Ladungsbewegung erforderlich. Die Ladungsbewegung kann durch gezielte konstruktive Maßnahmen, die genügend Drall-, Tumble- und Quetschströmung erzeugen, erhöht werden [Krä98].

Die Ladelufttemperatur hat einen signifikanten Einfluss auf die Verdampfungsgeschwindigkeit. Die für die Verdampfung verfügbare Zeit wird vom Zeitpunkt der Einspritzung, der Kolbengeschwindigkeit und dem Zündzeitpunkt bestimmt. Niedrige Ladelufttemperaturen verringern die Verdampfungsgeschwindigkeit, wodurch weniger Zeit für die Verteilung bzw. Homogenisierung des Gemisches im Brennraum verbleibt. Daher kann die Güte des Gemisches im Bereich der Zündkerze zum Zeitpunkt der Zündung einer höheren stochastischen Streuung unterliegen. Diese Streuung hat Auswirkungen auf die Verbrennung im Hinblick auf die Entflammung und die Intensität der zyklischen Schwankungen.

3.1.2 Verbrennung

Die schnelle, sich im Allgemeinen von selbst unterhaltende Oxidation von Brennstoffen, beim Verbrennungsmotor Kohlenwasserstoffe und/oder Wasserstoff, unter Abgabe von Wärme und Licht wird grundsätzlich als Verbrennung bezeichnet [53]. Beim homogen betriebenen Ottomotor befinden sich das Oxidationsmittel (Luftsauerstoff) und der Brennstoff (Ottokraftstoff) in einem turbulenten Strömungsfeld und liegen im Idealfall bereits vor der Zündung durchmischt in der Gasphase vor. Daher lässt sich die ottomotorische Verbrennung durch eine turbulente vorgemischte Flamme charakterisieren [24]. Die Aktivierung der Verbrennung kann nur in einem bestimmten Konzentrationsbereich beider Reaktionspartner, innerhalb der sogenannten Zündgrenzen, erfolgen. Ist die Konzentration des Kraftstoffs in der Luft zu hoch oder zu niedrig, reicht die Intensität der Wärmefreisetzung nicht für eine selbstständige Fortpflanzung der Verbrennung aus, Abb. 2. Bei ausreichender Zündenergie erweitern eine hohe Temperatur und geringer Inertgasanteil die Zündgrenzen des Gemisches [111].

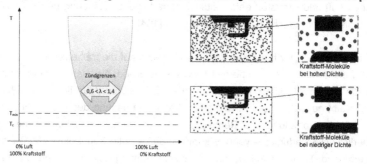

Abb. 2: Zündgrenzen in Abhängigkeit von Temperatur und Lambda

Unter atmosphärischen Bedingungen wurden die Zünd- und Selbstzündgrenzen für verschiedene Kraftstoffe ermittelt, Abb. 3. Für die reguläre ottomotorische Verbrennung ist es erforderlich, dass das unverbrannte Gemisch von der Flammenfront entzündet wird, bevor es sich so weit aufheizt, dass es die Selbstzündgrenze erreicht.

Die Aktivierungsenergie für die Verbrennung wird durch den Zündfunken der Zündkerze eingeleitet. Die dabei eingebrachte Energie ist relativ zum kleinen Volumen zwischen den Zündelektroden dabei so hoch, dass das Gemisch dort sofort thermisch entflammt wird [68]. Daher ist es irreführend, wenn auch beim Ottomotor der Begriff Zündverzug verwendet wird. Die Dauer von dieser ersten örtlichen thermischen Entflammung bis zu einer nennenswerten Energiefreisetzung, ab der sich die Verbrennung stabilisiert, meist 5% der Kraftstoffmasse [64], sollte daher besser als *scheinbarer Zündverzug* [85] oder *Brennverzug* bezeichnet werden. Ein minimaler

Brennverzug wird bei leicht unterstöchiometrischem Gemisch (λ<1), geringem Restgasanteil, guter Homogenisierung und höherer Last erreicht [95].

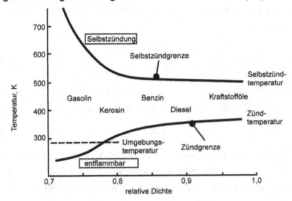

Abb. 3: Zünd- und Selbstzündgrenzen von Kraftstoffen bei Umgebungsdruck [53]

Laminare und turbulente Flammengeschwindigkeit

Die exakte Berechnung der Verbrennungsgeschwindigkeit ist aufgrund der nicht genau definierbaren chemischen Zusammensetzung von Benzin, der komplexen chemischen Reaktionsmechanismen und der instationären Strömungsvorgänge nicht möglich [82]. Für die Beschreibung der Verbrennung wird daher auf empirische Modelle zurückgegriffen. Unmittelbar nach dem Zündfunken bildet sich ein Flammenkern mit einer Ausdehnung von etwa 1mm [44]. Durch Schlieren-Aufnahmen [47] konnte gezeigt werden, dass dieser Flammenkern eine glatte Oberfläche aufweist und daher überwiegend laminaren Charakter hat. Aufgrund der Wirkung des turbulenten Strömungsfeldes geht die laminare Flamme jedoch schon kurz nach dem Zünden in eine turbulente Verbrennung über [Pis01]. Diese führt dazu, dass die laminare Flammenfront gefaltet, bei zunehmender Turbulenz aufgerissen wird, und einzelne Flammeninseln (Flamelets) herausgelöst werden, Abb. 4. Obwohl sich die Flamme lokal weiterhin laminar verhält, wird die Reaktionszone erheblich vergrößert und dadurch die Brenngeschwindigkeit maßgeblich erhöht.

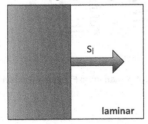 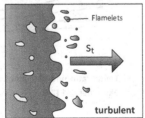

Abb. 4: Schematisches Bild der laminaren und turbulenten Flammenausbreitung [31]

Diese scheinbare Erhöhung der Flammengeschwindigkeit wurde von Damköhler [19] bereits 1940 beschrieben. Er ging davon aus, dass das Verhältnis von turbulenter (s_t) zu laminarer (s_l) Brenngeschwindigkeit dem Flächenverhältnis der beiden Strömungsformen entspricht.

$$\frac{s_t}{s_l} = \frac{A_t}{A_l} \qquad (1)$$

Die turbulente Flammengeschwindigkeit setzt sich demnach aus der laminaren Geschwindigkeit s_l und der turbulenten Schwankungsgeschwindigkeit $\overline{u}$ zusammen.

$$s_t = s_l + \overline{u} \qquad (2)$$

Die turbulente Schwankungsgeschwindigkeit verhält sich in etwa proportional zur Motordrehzahl [53], wodurch der Kurbelwinkelbereich der Verbrennung über der Drehzahl nahezu konstant bleibt [PIS01] [31]. Dies ermöglicht den Betrieb des Ottomotors über einen breiten Drehzahlbereich.

Für die Beschreibung der Einflussfaktoren auf die laminare Brenngeschwindigkeit wird häufig der von Rhodes und Keck [90] formulierte Ansatz verwendet Gl. (3).

$$s_l = s_{l,0}(\lambda) \cdot \left(\frac{T_U}{T_0}\right)^{\alpha} \cdot \left(\frac{p}{p_0}\right)^{\beta} \cdot \left(1 - 2{,}06X_{RG}{}^{0{,}77}\right) \qquad (3)$$

Die laminare Brenngeschwindigkeit s_l hängt neben kraftstoffspezifischen Kenngrößen und dem Luftverhältnis λ, vornehmlich vom Restgasanteil X_{RG} und den thermodynamischen Größen Druck p und Temperatur T ab. Auch neuere Untersuchungen bestätigen, dass Restgas die laminare Brenngeschwindigkeit herabsetzt [64] [76]. Während bei zunehmendem Druck die laminare Brenngeschwindigkeit sinkt[3], steigt sie mit Zunahme der Temperatur des unverbrannten Gemisches an, Abb. 5.

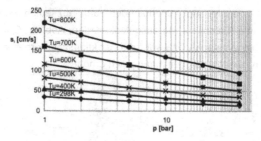

**Abb. 5: Einfluss der Temperatur und des Drucks auf die laminare Flammengeschwindig-
keit von Iso-Oktan bei λ=1 [74]**

---

[3] Der Exponent β in Gl. (3) ist für Ottokraftstoffe negativ.

Die Temperatur des unverbrannten Gemisches ist von dem Verbrennungsvorgang selbst, dem Wärmeaustausch mit den Brennraumwänden, der absoluten Wärmekapazität (Gemischmenge) und der Ladelufttemperatur abhängig.

Bei konstanter Luftdichte senkt abnehmende Temperatur den Druck, was die laminare Brenngeschwindigkeit tendenziell erhöht. Allerdings ist davon auszugehen, dass die Wirkung der Temperatur auf die laminare Brenngeschwindigkeit überwiegt. Daher ist insbesondere bei genügend hoher Ladungsmasse zu erwarten, dass die Ladelufttemperatur einen Effekt auf die laminare Brenngeschwindigkeit hat. Insgesamt betrachtet ist jedoch der Einfluss der Turbulenz auf die Brenngeschwindigkeit dominant. Da die Turbulenz weitgehend unabhängig von der Ladelufttemperatur ist, wird auch der Einfluss der Ladelufttemperatur auf die Brenndauer gering sein. Demnach ist eine durch die Ladelufttemperatur signifikante Beeinflussung der Brenngeschwindigkeit nur bei vorwiegend laminarer Verbrennung, wie beispielsweise während des Brennverzugs, zu erwarten.

Zyklische Schwankungen

Der Zylinderdruckverlauf eines Ottomotors während der Verbrennungsphase schwankt von Arbeitsspiel zu Arbeitsspiel, Abb. 6. Diese sogenannten zyklischen Schwankungen entstehen aus dem von ASP zu ASP mehr oder weniger stark veränderten Verbrennungsablauf. Als Resultat beeinträchtigen sie die Abgas-Rohemissionen und den Fahrkomfort. Generell sind möglichst geringe zyklische Schwankungen erwünscht, sie ermöglichen einen stabilen Betrieb an der Klopfgrenze [82].

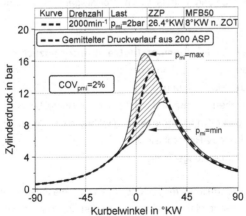

Abb. 6: **Einfluss der zyklischen Schwankungen auf den Zylinderdruckverlauf**

Die Hauptursachen für die zyklischen Schwankungen sind die Inhomogenität des Gemisches und die Ladungsströmung im Bereich der Zündkerze während der Entflammungsphase [33] [73]. Der negative Einfluss abgesenkter Ladelufttemperatur auf die Güte der Gemischhomogenisierung spiegelt sich daher unmittelbar in einer Zunahme der Intensität der zyklischen Schwankungen wider. Eine geringere Ladungsmasse verstärkt ebenfalls die Intensität der Schwankungen [72]. Die Intensität der zyklischen Schwankungen wird in der Regel durch die statistische Kenngröße des Variationskoeffizienten vom indizierten Mitteldruck COV_{pmi} beschrieben. Dieser Variationskoeffizient ist die Standardabweichung des indizierten Mitteldrucks p_{mi} bezogen auf den Mittelwert des indizierten Mitteldrucks über alle berücksichtigten Arbeitsspiele. Lauer [64] beschreibt in seinen Untersuchungen, dass zyklische Schwankungen erst ab einem Wert von $COV_{pmi}=3\%$ für den Motorbetrieb kritisch sind.

3.2 Ladeluftkühlung bei Ottomotoren

Der Zweck der Ladeluftkühlung ist es, in Kombination mit der Aufladung die Dichte der Ladeluft zu erhöhen. Bei der Aufladung wird der Dichtegewinn mittels Erhöhung des Drucks erreicht. Da dabei auch die Temperatur der Ladeluft erhöht wird, nimmt die Dichte weniger stark zu als der Druck [86]. Alle Formen der Ladeluftkühlung zielen daher darauf ab, die mit der Druckerhöhung im Lader verbundene Temperaturerhöhung der Ladeluft möglichst weit zurückzunehmen. Die Absenkung der Ladelufttemperatur beruht dabei auf Wärmeübertragung[4] oder einer teilweisen Entspannung der vorher durch Aufladeaggregate verdichteten Luft. In diesem Fall wird eine konventionelle Ladeluftkühlung mittels Wärmeübertrager der Luftentspannung vorgeschaltet.

Das Reduzieren der Ladelufttemperatur bietet grundsätzlich folgende Vorteile:
• Erhöhung der Luftdichte (Ladungsdichte)
• Reduktion der Klopfneigung
• Senkung der thermischen und mechanischen Bauteilbelastung
• Verringerung der Wandwärmeverluste während der Verbrennung
• Reduktion der NO_X-Rohemissionen
• Steigerung der Leistungsdichte

Bei konstanter Zylinderfüllung resp. Luftdichte vor Einlassventil, gleich bleibendem Luftverhältnis und damit gleich bleibender Kraftstoffzufuhr verlangsamen sich mit sinkender Ladelufttemperatur die Vorreaktionen im unverbrannten Gemisch, wodurch

---

[4] Wärmeübertragung in ein anderes System oder für den Phasenübergang

die Klopfneigung abnimmt. Da der Verdichtungsprozess bei *Einlass schließt* bereits mit geringeren Werten von Temperatur und Druck beginnt, sinkt neben der mechanischen Belastung auch die mittlere gasseitige Prozesstemperatur. Dadurch wird die thermische Belastung der brennraumbegrenzenden Bauteile verringert. Wird der Wandwärmestrom zeitlich integral betrachtet, führt die geringere treibende Temperaturdifferenz zwischen Arbeitsgas und Zylinderwand zu einer Abnahme des Wandwärmestroms in das Kühlmittel, das heißt, die Wandwärmeverluste sinken. Die geringere mittlere Arbeitsgastemperatur führt auch zu einer geringeren Verweildauer des Arbeitsgases in einem Temperaturbereich, der für die Bildung von thermischem NO_X verantwortlich ist [13].

Wird auf eine Entschärfung von thermischer und mechanischer Belastung verzichtet, kann die Erhöhung der Luftdichte natürlich auch genutzt werden, um dem Zylinder eine größere Luftmasse zuzuführen, wodurch bei konstantem Luftverhältnis mehr Kraftstoff umgesetzt werden kann und die Leistungsdichte entsprechend gesteigert wird.

3.2.1 Ladeluftkühlung mittels Wärmeübertrager

In Hinblick auf die Untersuchung der Eignung der Komponenten einer Pkw-Klimaanlage (z.B. Verdampfer und Kompressor) zur Ladeluftkühlung in Kap.1 sollen in diesem Abschnitt die grundsätzlichen Wärmeübertragungsmechanismen und -arten erläutert werden. Die Kühlung der Ladeluft mittels Wärmeübertrager geschieht durch Wärmeübertragung von der Ladeluft auf ein anderes Fluid, wobei beide Fluide durch mindestens eine wärmedurchlässige Wand getrennt sind. Wärmeübertragung kann in der Praxis allgemein immer nur dann stattfinden, wenn ein Temperaturgradient innerhalb eines oder zwischen zwei wärmedurchlässigen Systemen existiert [12].

Wärmeübertragungsmechanismen

Es werden grundsätzlich drei Wärmetransportmechanismen unterschieden, Wärmeleitung, Strahlung und Konvektion, wobei letztere nur durch Mitwirken der Wärmeleitung funktioniert und daher keinen unabhängigen[5] Wärmeübertragungsmechanismus darstellt [45]. Die Wärmestrahlung ist bei rekuperativen Wärmeübertragern, wie sie in Straßenfahrzeugen eingesetzt werden, vergleichsweise gering [66]. Rekuperative Wärmeübertrager übertragen die Wärme der Ladeluft (Fluid 1 in Abb. 7) zunächst konvektiv auf eine Wand, in der Wärmeleitung stattfindet. Danach wird die Wärme wieder konvektiv von der Wand auf ein anderes Fluid (Fluid 2 in Abb. 7) übertragen,

---

[5] Darauf hat schon 1915 Nußelt hingewiesen [81].

welches die Wärme abführt. Dieser Wärmedurchgang ist als Hintereinanderschaltung von Wärmeübergangs- und Wärmeleitungsvorgängen zu verstehen [2].

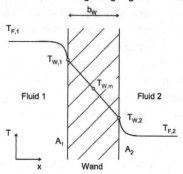

Abb. 7: Schematische Darstellung des Wärmedurchgangs [66]

Die Wärmeleitfähigkeit der Wand ist eine Funktion der Temperatur. Bei den im motorischen Bereich der Ladeluftkühlung relevanten Temperaturbereich ist dieser Einfluss allerdings zu vernachlässigen, sodass konstante Wärmeleitfähigkeiten angenommen werden dürfen [45]. Das Ziel rekuperativer Ladeluftkühlern ist es, eine möglichst hohe Wärmestromdichte bei geringen ladeluftseitigen, Druckverlusten zu erreichen. Entscheidend dafür sind die Temperaturdifferenzen und der Wärmedurchgangskoeffizient.

Wärmeübertragerarten

Wärmeübertrager lassen sich nach der Strömungsführung beider Fluide zueinander in Gleich-, Gegen- und Kreuzstromwärmeübertrager unterscheiden, Abb. 8. Im Fahrzeugeinsatz werden luftgekühlte Ladeluftkühler aufgrund der Kühlluftzuströmung im Bereich des sogenannten *Frontends* bevorzugt als Kreuzstromwärmeübertrager ausgeführt.

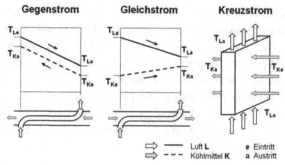

Abb. 8: Wärmeübertragerarten rekuperativer Ladeluftkühler [86]

Ladeluftkühlertopologien

Als direkte Kühlmedien kommen in Ladeluftkühlern (LLK) von Fahrzeugmotoren Luft und Wasser-Glykol-Gemische zum Einsatz. Von der Art des primären Kühlmediums wird auch die Topologie der Wärmeübertrager im Motorraum-Package entscheidend beeinflusst.

Ladeluft/Luft-LLK stellten lange Zeit den Standard bei Fahrzeugmotoren dar. Die Gründe hierfür liegen in den niedrigeren Kosten und der geringeren Systemkomplexität. Da die Außenluft in Form des Fahrtwinds das Kühlmedium bildet, müssen die LLK im Luftstrom des Fahrtwinds liegen. Daher werden sie bevorzugt im Frontend vor den Kühler des Motorkühlmittels positioniert. Die Ladeluft führenden Leitungen zwischen dem Austritt des Verdichters und dem Luftsammler des Motors sind dadurch relativ lang und ihr Volumen vergleichsweise groß. Dies führt zu einer schlechteren Dynamik im Ladedruckaufbau gegenüber Ladeluft/Wasser-Glykol Ladeluftkühlern [Hum12].

Ladeluft/Wasser-Glykol-LLK benötigen zur Rückkühlung stets einen in Reihe nachgeschalteten Wasser-Glykol/Luft-LLK. Neben der zur Umwälzung des Wasser-Glykol-Gemischs erforderlichen Pumpe ist der zusätzlich notwendige Rückkühler verantwortlich für höhere Systemkomplexität und -kosten. Der entscheidende Vorteil dieser Topologie liegt in der Möglichkeit den Ladeluft/Wasser-Glykol-LLK relativ frei zu positionieren. Dadurch lässt sich das Ladeluft-Leitungsvolumen zwischen Verdichter und Motoreinlass verringern, wodurch ein schnellerer Ladedruckaufbau ermöglicht wird. Zudem kann die Luftseite des motornahen Ladeluftkühlers strömungsgünstiger gestaltet werden, wodurch die Ladedruckverluste gegenüber der Ladeluft/Luft-Ladeluftkühlung verringert werden. Gängige Wasser-Glykol-Gemische haben verglichen mit Luft eine deutlich höhere Wärmekapazität und weisen bessere Wärmeübergangseigenschaften auf, wodurch auch der gegenüber der Umgebung rückkühlende Wärmeübertrager kompakt ausgeführt werden kann, sodass sich bezüglich des Packages keine Bauraumnachteile ergeben [3]. Wird der Ladeluft/Wasser-Glykol-LLK in den Sammler vor den Motoreinlass integriert, lässt sich der bauraumseitige Aufwand noch weiter reduzieren [15]. Des Weiteren können durch die verhältnismäßig hohe absolute Wärmekapazität des flüssigen Kältemittels thermische Spitzen der Ladeluft gedämpft werden, was z.B. für gewöhnliche Fahrzeug-Beschleunigungsdauern ausreichend ist [108].

Erzielbare Ladelufttemperaturen an der Volllast sind vor allem Package-getrieben und liegen bei herkömmlichen Ladeluftkühlern an der Motorvolllast ca. 5-50K über der Kühlmitteleintrittstemperatur. Die Taupunkttemperatur, unterhalb welcher Wasser aus der Ladeluft ausfällt, hängt von der relativen Feuchte der Umgebungsluft und dem Ladedruck ab. Taupunktunterschreitung führt folglich zu Wasserausfall aus der Ladeluft, welches entweder abgeschieden oder dem Motor in verträglicher Form zugeführt werden sollte.

3.2.2 Ladeluftkühlung ohne Wärmeübertrager

In den nächsten beiden Abschnitten sollen die in der Praxis angewendeten Verfahren der Ladeluftkühlung ohne Wärmeübertrager kurz beschrieben werden. Soll die Ladungstemperatur gesenkt werden, ohne dass Wärme über die Systemgrenze (Ladeluftleitung) abgeführt wird, muss entweder eine thermodynamische Zustandsänderung der Ladeluft (Expansion) erfolgen oder die chemische Zusammensetzung der Ladung verändert werden. Mit beiden Methoden lassen sich prinzipiell niedrigere Ladungstemperaturen realisieren als mit der an die Umgebungstemperatur gebundenen gewöhnlichen Ladeluftkühlung.

Turbokühlung

Bei der Turbokühlung wird zwischen dem konventionellen Turbolader-Verdichter und dem Einlasskanal des Motors ein weiterer Turbolader, die sogenannte Turbokühlgruppe, geschaltet, Abb. 9.

Die im Turbolader-Verdichter komprimierte und im LLK1 rückgekühlte Luft wird in der Turbokühlgruppe zunächst weiter verdichtet. Die damit verbundene Erhöhung der Ladelufttemperatur wird durch Wärmeabfuhr im LLK2 verringert. Danach kann die Lufttemperatur in der nachgeschalteten Turbine durch Expansion weiter reduziert werden. Die dabei erreichbare minimale Ladelufttemperatur vor Motoreinlass hängt entscheidend von den Wirkungsgraden der eingesetzten Strömungsmaschinen, dem Niveau des Ladedrucks am Motoreintritt und der Leistungsfähigkeit der Ladeluftkühler ab. Eine Kühlung der Ladeluft im LLK1 zwischen den beiden Turboladern erhöht den Wirkungsgrad der Turbokühlung und senkt daher das erreichbare Ladelufttemperaturniveau [23].

Anstelle der freilaufenden Turbokühlgruppe kann auch ein mechanisch an die VKM gekoppelter Expander eingesetzt werden [106]. Die Turbokühlung hat sich bis heute nicht durchsetzen können. Die Gründe hierfür liegen im zusätzlichen Aufwand in Kosten und Bauraum für die Turbokühlgruppe. Eine diesbezüglich günstigere Lösung bietet der Einsatz variabler Ventiltriebe. Diese erlauben u. a. Steuerzeiten, die eine Expansion der Ladeluft direkt im Zylinder – das sogenannte Millerverfahren – ermöglichen.

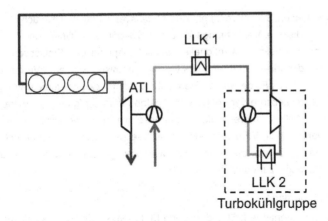

Abb. 9: Schematischer Aufbau der Turbokühlung nach [131]

Millerverfahren

Voraussetzung für die Realisierung des Millerverfahrens ist ein in einem weiten Bereich variabler Schließzeitpunkt des Einlassventils, so dass das Einlassventil bereits während des Saughubes geschlossen werden kann, Punkt 1 in Abb. 10. Die mit der folgenden Expansion der Zylinderladung von Punkt 1 nach 2 verbundene Temperaturabsenkung entspricht einer inneren Ladeluftkühlung. Die Intensität dieser Ladeluftkühlung wird dabei von dem Schließzeitpunkt des Einlassventils bestimmt [86]. Je früher dieser liegt, desto stärker ist die Ladelufttemperaturabsenkung. Da der Schließzeitpunkt des Einlassventils beim Millerverfahren stets vor dem unteren Totpunkt liegt, sind Einbußen im Liefergrad unvermeidbar. Um das Füllungsdefizit gegenüber dem konventionellen *Einlass-Schließzeitpunkt* zu vermeiden, muss der Nachteil im Liefergrad durch eine Erhöhung des Ladedrucks kompensiert werden.

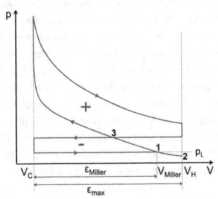

Abb. 10: Prinzip des Millerverfahrens im p-V Diagramm

Durch einen variablen Schließzeitpunkt des Einlassventils lässt sich auch das thermodynamisch wirksame Verdichtungsverhältnis beeinflussen. Unter der Annahme gleicher Füllung wie beim konventionellen Schließzeitpunkt des Einlassventils wird beim Anwenden des Millerverfahrens das thermodynamisch wirksame Verdichtungsverhältnis reduziert. Als Folge werden Verdichtungsenddruck und -temperatur verringert. Insbesondere Letztere vergrößert den Abstand zur Klopfgrenze bzw. kann bei Anwendung des Millerverfahrens die Klopfgrenze hin zu einer höheren Motorlast verschoben werden [93]. Wird als Vergleichsgröße der maximale Ladedruck nach Verdichtung herangezogen, bietet das Millerverfahren gegenüber der Turbokühlung ein größeres Potenzial zur Ladeluftkühlung [87].

Expansionssauganlage

Die von Porsche patentierte [96] und in Serie [83] eingesetzte Expansionssauganlage kombiniert die Effekte der Schwingrohr- mit der Resonanzaufladung. Im Gegensatz zu den Methoden der sogenannten *natürlichen Aufladung* wird die Expansionssauganlage allerdings so abgestimmt, dass beim Ladungswechsel ein niedrigerer Druck und damit auch eine niedrigere Temperatur der Luft am Zylindereinlass vorliegen. Prinzipbedingt sinkt dadurch gegenüber herkömmlichen Ansaugsystemen der Liefergrad. Diese Füllungsverluste werden durch einen entsprechend höheren Ladedruck ausgeglichen. Dadurch steigt zwar zunächst die Ladelufttemperatur nach dem Turbolader-Verdichter weiter an. Unter der Annahme jedoch, dass über den Ladeluftkühler die zusätzliche Wärme aus der höheren Verdichtung vollständig abgeführt wird, kann durch die anschließende Expansion der Ladeluft in der Sauganlage ihre Temperatur gesenkt werden. Das Verfahren hat sich nicht herstellerübergreifend durchgesetzt.

Alle drei genannten Verfahren bedingen im Verhältnis zur Ladeluftkühlung durch Wärmeübertragung, bei gleicher Ladelufttemperatur und für gleiche Füllungsdichte, einen höheren Ladedruck am Ausgang des Turbolader-Verdichters. Diese Ladedruckdifferenz muss vom Aufladeaggregat erbracht werden und mindert die mit einstufiger Aufladung erreichbare Ladungsdichte. Für die Abgasturboaufladung bedeutet dies einen entsprechend höheren Abgasgegendruck, der sich als Einzeleinfluss erhöhend auf die vom Kolben zu verrichtende Ausschiebearbeit und den im Zylinder nach dem Ladungswechsel verbleibenden Restgasanteil auswirkt. Zum einen geht die erhöhte Ladungswechselarbeit zulasten des Wirkungsgrads, zum anderen erhöht ungekühltes Restgas die Klopfneigung im Ottomotor (s. Abschn. 3.3.1), wodurch die klopfmindernde Wirkung der Ladeluftkühlung reduziert wird.

Kühlung durch Ausnutzung der Verdampfungsenthalpie

Mit der Einbringung eines flüssigen Mediums in die Zylinderladung und seiner dorti-
gen Verdampfung kann effektiv die Temperatur der Zylinderladung gesenkt werden.
Die hierbei erzielbare Temperaturabsenkung hängt neben der verdampften Menge
des eingebrachten Stoffes entscheidend von dessen Verdampfungsenthalpie ab,
siehe Tab. 1.

Tab. 1: Verdampfungsenthalpie verschiedener Stoffe [115]

Stoff	Verdampfungsenthalpie bei 20°C und 1013mbar in kJ/kg
Wasser	2445
Methanol	1184
Ethanol	929.9
Benzin[6]	ca. 380 [86]
Benzol	435.3
Iso-Oktan	365.6

Bereits in den 40er Jahren des letzten Jahrhunderts wurde bei Flugmotoren (z.B.
DB605) zur Ladeluftkühlung ein Wasser-Methanol-Gemisch in die Ladeluftleitung
eingespritzt, wodurch die Leistung erheblich gesteigert werden konnte. In den 80er
Jahren wurde in der Formel 1 und wird auch aktuell im Rallye-Sport bei aufgeladenen Ottomotoren die Wassereinspritzung in die Ladeluft eingesetzt. Blumberg [11]
und Daniel [20] untersuchen die Beimengung von Alkoholen in die Ladeluft für den
Hochlastbereich des Motorkennfeldes. Neben der reinen Ladelufttemperaturabsenkung durch die Verdampfungskühlung kann aufgrund der höheren spezifischen
Wärmekapazität von Alkohol auch die Zylinderspitzentemperatur signifikant gesenkt
werden.

Sofern nicht Benzin-Alkoholgemische (z.B. E5, E10, E85) direkt als Kraftstoff verwendet werden, bedeutet das Mitführen eines zusätzlichen Mediums stets auch
einen zusätzlichen Aufwand an Kosten und Bauraum. Dies könnten wesentliche
Gründe dafür sein, dass sich bisher solche Systeme nicht in der Großserie durchsetzen konnten.

Eine einfache Methode, und daher in der Großserie beliebt, bei Ottomotoren eine
effektive Kühlung der Zylinderladung zu erreichen, besteht darin, über das stöchio-
metrisch notwendige Maß hinaus zusätzlichen Kraftstoff einzuspritzen. Angenommen, dieser zusätzliche Kraftstoff würde der Ladung in einem adiabaten Behälter

---

[6] Für Benzin kann kein allgemeingültiger Wert für die Verdampfungsenthalpie angegeben werden, da
es sich um Stoffgemisch handelt, dessen chemische Zusammensetzung nicht genau definiert ist.

zugeführt, dann könnte bei einer Kraftstoffanreicherung auf Lambda=0.58 die Ladungstemperatur nur um 20K gekühlt werden, Abb. 11. Allerdings wird dabei auch
die absolute Wärmekapazität der Zylinderladung erhöht, wodurch das Temperaturniveau während der Verbrennung weiter gesenkt wird.

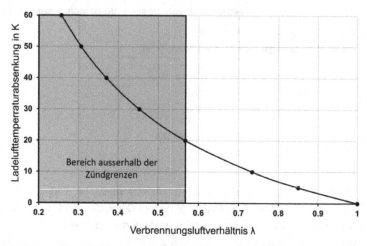

Abb. 11: Rechnerische Ladeluftkühlung durch zusätzliche Kraftstoffeinspritzung bei λ ≤ 1

3.3 Betriebsgrenzen des aufgeladenen Ottomotors

Der Trend zur Erhöhung der spezifischen Leistung durch sogenanntes *Downsizing*
wird noch auf absehbare Zeit in der Entwicklung von Verbrennungsmotoren anhalten, Abb. 12.

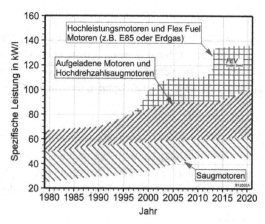

Abb. 12: Zeitliche Entwicklung der spezifischen Leistung von Ottomotoren [25]

Die Erhöhung der spezifischen Motorleistung bedeutet dabei auch eine Zunahme der Wärmestromdichte (Wärmeströme bezogen auf den Hubraum) durch den Verbrennungsmotor. Daher ist eine Anhebung der spezifischen Motorleistung stets mit einer Steigerung der thermischen Motorbelastung verbunden, wodurch Motorbetriebsgrenzen erreicht werden. Die gleichzeitig ansteigende mechanische Belastung ist über konstruktive Maßnahmen leichter zu beherrschen. Die maximale Last, bei der ein Verbrennungsmotor dauerhaft schadensfrei betrieben werden kann, hängt von der Beherrschung der Motorbetriebsgrenzen ab, Abb. 13. In der Regel wird allerdings die Last in einem Betriebspunkt nicht durch alle begrenzenden Kriterien gleichzeitig limitiert.

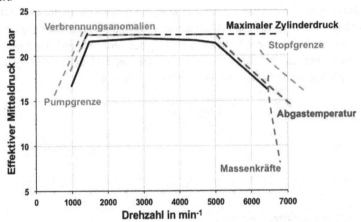

Abb. 13: Typische Betriebsgrenzen des abgasturboaufgeladenen Ottomotors

Verbrennungsanomalien bestimmen vorwiegend bei niedrigen Drehzahlen die erreichbare Motorlast. Die Begrenzung durch den zulässigen maximalen Zylinderdruck bzw. die maximale Gaskraft, die primär die Kolbengruppe belastet, tritt vornehmlich erst ab mittleren Drehzahlen ein. Die thermische Belastung der brennraumbegrenzenden sowie der nachgeschalteten Bauteile wie z.B. der Abgasturbine tritt erst ab höheren Energieströmen, daher vornehmlich im oberen Drehzahl- und Lastbereich auf. Die mechanische Belastung durch oszillierende und rotierende Massenkräfte steigt quadratisch mit der Drehzahl und begrenzt dadurch die maximale Drehzahl des Ottomotors.

Die Pump- und die Stopfgrenze sind spezifische Betriebsgrenzen für den Abgasturbolader. Sie begrenzen daher nicht primär die erreichbare Last des Grundmotors. Vielmehr beschränken sie den Ladedruck, der dem Motor durch den Abgasturbolader bereitgestellt werden kann, und wirken sich auf diese Weise auf die erzielbare Last aus.

Darüber hinaus existieren noch Betriebsgrenzen, die nicht unmittelbar den Motor schädigen, allerdings den Motorbetrieb beeinflussen. Zu nennen wären hier die untere Leerlaufdrehzahl (Drehungleichförmigkeit) mit der nötigen Drehmomentreserve und die Zündgrenzen des Kraftstoff-Luftgemisches, welche insbesondere bei Ottomotoren mit Schichtladung eine wichtige Rolle spielen.

3.3.1 Verbrennungsanomalien

Unter dem Begriff Verbrennungsanomalien werden Formen des irregulären Verbrennungsablaufs zusammengefasst. Alle Formen von Verbrennungsanomalien vereint die Eigenschaft, dass es zur Selbstentflammung des unverbrannten Gemisches zu einem unerwünschten Zeitpunkt kommt. Die Arten der Selbstentflammung lassen sich im Wesentlichen in zwei Kategorien einordnen, Abb. 14.

Abb. 14: Arten der Selbstentflammung

Kommt es vor dem elektrischen Zündfunken zur Selbstentflammung des Gemisches, spricht man von Vorentflammung. Ereignet sich die Selbstentflammung nach dem regulären Zündzeitpunkt im Bereich des unverbrannten Gemisches, dem sogenannten Endgas, vor der direkten Entflammung durch die reguläre Flammenfront, spricht man vom Klopfen.

Glühzündungen sind Entflammungen ausgehend von heißen Bauteilen (Zündkerze, Auslassventil) oder an aus dem vorangegangen Arbeitsspiel verbliebenen glühenden Teilchen im Arbeitsgas. Glühzündungen können sowohl vor als auch nach dem regulären Zündzeitpunkt auftreten [24].

Allgemein treten die aufgeführten Erscheinungsformen der Selbstentflammung dann auf, wenn zumindest lokal die Zündverzugszeit des Kraftstoff-Luftgemisches abgelaufen ist, bevor das Gemisch von der regulären Flammenfront erreicht wird.

Vorentflammung

Die genauen Ursachen zur Entstehung von Vorentflammung sind noch nicht endgültig geklärt. Phänotypisch treten Vorentflammungen bei niedrigen Drehzahlen und hohen Lasten in intermittierenden Serien auf, das heißt, es wechseln sich Zyklen mit Selbstzündung und solche mit regulärer Verbrennung ab. Entscheidend ist, dass dadurch das Kraftstoff-Luftgemisch bereits vor dem regulären Zündzeitpunkt entflammt, wodurch in der Regel der Druckanstieg gegenüber dem in einem regulären Arbeitsspiel wesentlich höher ist und dadurch Arbeitsspiele mit Vorentflammung häufig ins Klopfen übergehen. Die Intensität der klopfenden Verbrennung ist dabei aufgrund des frühen Entflammens und der damit verbundenen großen Endgasmenge besonders hoch [17]. So wurden max. Zylinderdrücke von über 200bar beobachtet [122], die bereits nach wenigen Zyklen zu starken Beschädigungen des Triebwerks führen [128].

Als mögliche Ursachen gelten [17], [130], [65]:

- Hot Spots
- Restgas
- Temperaturfluktuationen im Arbeitsgas
- Ablösung von Schmierstofftröpfchen von der Zylinderwand
- Kritisch hohe Verdichtungsendtemperatur

Die aufgeführten Faktoren führen zu einer Beschleunigung der Vorreaktionen bzw. Verkürzung der Zeit bis zur Selbstentflammung. Welcher dieser ursächlichen Faktoren ausschlaggebend ist und letztendlich Vorentflammungen auslöst, ist motorspezifisch [18]. Wenn selbstzündungskritische Gemischzustände bereits vor der Funkenzündung vorliegen, dann ist die Wahrscheinlichkeit von Selbstzündungen im Endgasbereich, also nach dem regulären Zündzeitpunkt, besonders hoch. Infolge des verbrennungsbedingten Anstieges von Druck und Temperatur in Kombination mit dem größeren zur Verfügung stehenden Zeitfenster steigt die Wahrscheinlichkeit, dass größere Volumina des Endgases simultan selbst entflammen, sodass eine stark klopfende Verbrennung die Vorentflammung überlagert [Gün11].

Glühzündungen

Im Gegensatz zu Vorentflammungen treten Glühzündungen in der Regel in mehreren aufein-anderfolgenden Arbeitsspielen auf und können auch eine klopfende Verbrennung überlagern [73]. Eine Glühzündung muss nicht zwangsläufig zu Beschädigungen im Motor führen. Insbesondere dann, wenn sie im Bereich des regulären Zünd-

zeitpunktes an nur einer Stelle im Brennraum auftritt, unterscheidet sich der Druckverlauf kaum von dem einer regulären Verbrennung [24].

Treten hingegen Glühzündungen vor dem regulären Zündzeitpunkt auf, steigen
Druck und Temperatur während der Verbrennung stärker an und führen zu einem
erhöhten Wärmeeintrag in die brennraumbegrenzenden Bauteile, so auch in die
Stelle der Glühzündungsquelle, sodass im darauf folgenden Arbeitsspiel die Glühzündung noch früher erfolgt [74]. Dadurch besteht die Gefahr, dass Glühzündungen
selbstverstärkend wirken, also von Arbeitsspiel zu Arbeitsspiel immer früher auftreten
und den Brennraum thermisch und mechanisch – auch durch Klopfen – stark über-
lasten, was zum Totalausfall führen kann [47].

Klopfen

Das Phänomen *Klopfen* beschreibt die Entflammung des Endgases, noch bevor
dieses von der Flammenfront erreicht wird. Das dafür typische Geräusch (Klopfge-
räusch) resultiert aus hochfrequenten Druckschwingungen im Frequenzbereich von
5-30kHz, die durch hohe Umsatzraten bei Selbstzündung induziert werden. Je mehr
Endgas zum Zeitpunkt der Selbstzündung beteiligt ist, desto wahrscheinlicher sind
hohe Amplituden in den Druckschwingungen. Eine genaue Auswertung ist durch die
Analyse des Zylinderdrucksignals möglich, s. Abschn. 4.2.2. Bei Serienmotoren werden, aus Kostengründen, dazu am Kurbelgehäuse angebrachte Beschleunigungs-
sensoren zur Erfassung von klopfrelevanten Schwingungen verwendet. Die höher-
frequenten Anteile (ab 10kHz) der Druckschwingungen werden durch das Kurbelgehäuse kaum gedämpft [62] und können dadurch mit ausreichender Güte erfasst
werden [99].

Die bei klopfender Verbrennung lokal auftretenden hohen Strömungsgeschwindigkei-
ten erhöhen stark die Wärmeübergangszahl, sodass dies zu thermischen, erosiven
Beschädigungen der brennraumbegrenzenden Bauteile führen kann [82] [14]. Die
Größe des zum Selbstzündungszeitpunkt beteiligten Endgasvolumens bzw. der End-
gasmasse verantwortet die Höhe der auftretenden Klopfamplituden [103]. Während
niedrige Klopfamplituden tolerierbar sind, verursachen sehr hohe Klopfamplituden
mechanische Beschädigungen, die zum Ausfall des Triebwerks führen können [1].
Bei hohen Drehzahlen und Lasten können sogenannte Extremklopfer auftreten, bei
denen schon Klopfamplituden von über 60bar gemessen wurden [113] [91].

Der Selbstentflammung des unverbrannten Gemisches gehen Reaktionen im selbi-
gen voraus. Diese Vorreaktionen werden bereits während des Kompressionshubs ab
der dafür notwendigen Schwelle der Gastemperatur eingeleitet. Durch die Verdich-

tung und der sich anschließenden Verbrennung wird das Endgas weiter komprimiert und erhitzt. Geht man von einer nahezu homogenen Gemischverteilung im Endgas aus, dann ist die Temperatur der entscheidende Treiber für die Geschwindigkeit der chemischen Vorreaktionen. Demnach wird die Selbstentflammung an denjenigen Stellen des Endgases einsetzen, die aufgrund ihrer Temperatur-Zeit-Historie als Erste das notwendige kritische Reaktionsniveau erreichen [101]. Für einen klopffreien Motorbetrieb ist es deshalb entscheidend, dass die reguläre Flammenfrontgeschwindigkeit so hoch ist, dass auch die kritischen Stellen des Endgases entflammt werden, bevor diese sich selbst entzünden können. Daher kann die Beeinflussung der Klopfneigung des Gemisches über Größen erfolgen, die einen Einfluss auf die Brenngeschwindigkeit und/oder die Dauer der Selbstzündungszeit haben, Tab. 2.

Tab. 2: Einflussgrößen auf die Klopfneigung

Motorbetriebsparameter	Sonstige Parameter
• Last	• Verdichtungsverhältnis
• Drehzahl	• Brennraumgeometrie
• Zündzeitpunkt	• Brennraumkühlung
• Luftverhältnis	• Gemischinhomogenität
• Restgasgehalt	• Kraftstoffeigenschaften
• Ladelufttemperatur	

Die *Last* ist die grundlegende Einflussgröße. Mit steigender Last bzw. umsetzbarer Verbrennungsenergie im Zylinder erhöhen sich Druck- und Temperaturniveau während der Hochdruckphase und die Klopfneigung des Endgases nimmt zu. Bei konstanter Drehzahl muss deshalb ab einer bestimmten Last der *Zündzeitpunkt* (ZZP) in Richtung spät verstellt werden. Durch den dann auch späteren Brennbeginn wird der Temperaturverlauf im unverbrannten Gemisch gedämpft und die Vorreaktionen werden effektiv verlangsamt. Die Verstellung des Zündzeitpunkts ist die schnellste Eingriffsmöglichkeit, um eine detektierte klopfende Verbrennung bereits im darauf folgenden Arbeitsspiel zu vermeiden. Mit steigender *Drehzahl* erhöht sich die turbulente Brenngeschwindigkeit, sodass der Kurbelwinkelbereich der Verbrennung nahezu konstant bleibt [99]. Folglich sinkt mit zunehmender Drehzahl die Klopfneigung, da die absolute Zeitdauer der Verbrennung abnimmt. Eine Anhebung des *Verdichtungsverhältnisses* führt zu einer Erhöhung des Temperatur- und Druckniveaus im Arbeitsgas und verkürzt dadurch die Selbstzündungszeit. Eine stärkere *Brennraumkühlung* verringert die Aufheizung des Arbeitsgases während des Ansaugvorgangs und führt zusätzlich in der Hochdruckphase zu erhöhter Wandwärmeabfuhr. Beides senkt das Temperaturniveau im Zylinder und vermindert darüber die Klopfneigung.

Eine möglichst kompakte *Brennraumgeometrie* in Verbindung mit einer geeignet positionierten Zündkerze verkürzt die Flammenwege, weswegen sich die Durchbrennzeit verringert [28]. Andererseits verringert sich bei einem kompakten Brennraum das Oberflächen-Volumenverhältnis, wodurch der Brennraum wärmedichter wird, was als Einzeleinfluss an sich die Klopfneigung erhöht. Wird jedoch durch die konstruktive Ausbildung von Quetschflächen für eine ausreichende Ladungsbewegung gesorgt, vermindern kompakte Brennräume grundsätzlich die Klopfneigung.

Das *Luftverhältnis* wirkt sich in mehrfacher Weise auf die Klopfneigung des Verbrennungsgemisches aus. So hängt die laminare Brenngeschwindigkeit quadratisch vom Luftverhältnis ab und weist bei leicht fetten Gemischen (Anfettung) ein Maximum auf [76]. Mit einer Erhöhung der Kraftstoffkonzentration im Gemisch, also durch Anfettung, werden insbesondere bei Direkteinspritzung die Innenkühlung verstärkt und die absolute Wärmekapazität des Gemisches vergrößert. Während letztgenannte Einflussfaktoren das globale Temperaturniveau im Zylinder senken, kann es gerade bei direkteinspritzenden Motoren nach dem Einspritzvorgang zu signifikanter räumlicher Inhomogenität in der Kraftstoffverteilung kommen. Diese *Gemischinhomogenität* bewirkt lokal eine unterschiedliche Intensität der Verdampfungskühlung, wodurch das Temperaturfeld nicht homogen ist [46]. Somit können lokal sehr unterschiedliche Zündverzugszeiten entstehen. Bereiche, die eine geringfügig höhere Temperatur aufzeigen, neigen eher zur Selbstzündung und können dadurch eine klopfende Verbrennung auslösen [18]. Für die Klopfneigung relevante *Kraftstoffeigenschaften* sind die Klopffestigkeit und die Verdampfungsenthalpie des Krafstoffs. Eine höhere Klopffestigkeit, ausgedrückt durch die Oktanzahlen *ROZ* bzw. *MOZ*, verlängert die chemische Zündverzugszeit [102]. Kraftstoffe mit einem hohen Alkoholgehalt weisen große luftbedarfbezogene Verdampfungsenthalpien auf [121] [Gün13], wodurch deren Innenkühlungseffekt besonders ausgeprägt ist.

Veränderter *Restgasgehalt* im Zylinder beeinflusst die chemische Zusammensetzung des Arbeitsgases. So kann Restgas teilweise sehr reaktive Spezies in das Arbeitsgas einbringen, welche die Vorreaktionen im Endgas beschleunigen. Die Temperatur der Zylinderladung zu Verdichtungsbeginn wird durch Restgas, insbesondere bei ungekühltem, erhöht. Gleichzeitig steigt aber die spezifische und, bei konstanter Frischluftfüllung, die absolute Wärmekapazität des Gemisches, welche auf Druck und Temperatur im Endgas während der Verbrennung wiederum senkend wirkt und dadurch die Selbstzündungszeit des Endgases verlängert. Dagegen verlangsamt sich durch Restgas die laminare Brenngeschwindigkeit [35], wodurch das Zeitfenster für die Selbstzündung vergrößert wird. Welcher dieser Effekte überwiegt, hängt wesentlich vom Anteil und der Temperatur des Restgases ab. Untersuchungen von *Russ* [92] ergaben, dass ungekühltes Restgas grundsätzlich die Klopfneigung erhöht. Dem entsprechen die Ergebnisse neuerer Untersuchungen [29] [26], nach denen sich gekühlte AGR günstig auf die Klopfempfindlichkeit auswirkt.

Die *Ladelufttemperatur* hat einen globalen Einfluss auf das Temperaturniveau im Zylinder. Von ihr werden die chemische Zündverzugszeit, die Oberflächentemperatur der brennraumbegrenzenden Wände, die Güte der Gemischaufbereitung, Druck und Temperatur zu Verdichtungsbeginn beeinflusst. In der Literatur besteht ein Konsens darüber, dass eine niedrige Ansaugtemperatur sich, außer auf die Dauer der Gemischaufbereitung, durchweg positiv auf die Verminderung der Klopfneigung auswirkt.

3.3.2 Mechanische Belastung

Die aktuelle Entwicklung von Ottomotoren zu immer höheren spezifischen Leistungen führt auch zu höheren maximalen Zylinderdrücken, wodurch die mechanischen Belastungen des Triebwerks zunehmen, Abb. 15.

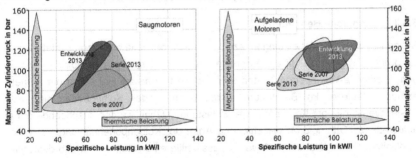

Abb. 15: Maximaler Zylinderdruck in Abhängigkeit von der spezifischen Leistung für freisaugende (links) und aufgeladene (rechts) Ottomotoren [98]

Aktuelle Prognosen lassen auch für zukünftige Entwicklungen eine Steigerung des maximalen Zylinderdrucks erwarten. Insbesondere die zunehmende Verwendung von hochklopffesten Kraftstoffen (Alkohole und Erdgas) ermöglicht thermodynamische Brennverfahren, die durch einen hohen maximalen Zylinderdruck gekennzeichnet sind, Abb. 16.

Eine Erhöhung des maximalen Zylinderdrucks ist zwangsläufig mit einer Steigerung der thermischen, mechanischen und tribologischen Belastungen des Kurbeltriebs verbunden [109]. Der Kolben ist dabei diejenige Komponente des Kurbeltriebs, die unmittelbar dem Zylinderdruck ausgesetzt ist. Hinsichtlich seiner mechanischen Belastung sind die kritischen Bereiche der Kolbenboden, die Ringpartie und die Kol-

benbolzenabstützung [70]. Aktuell in Serie eingeführte hochaufgeladene Ottomotoren
weisen bereits maximale Zylinderdrücke von über 120bar auf [41].

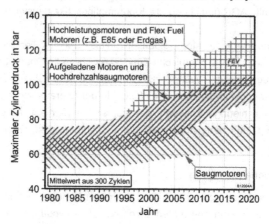

Abb. 16: Zeitliche Entwicklung des max. Zylinderdrucks bei Ottomotoren [25]

3.3.3 Thermische Belastung

Steigende spezifische Leistungen bzw. Energiestromdichten bedeuten stets, dass
bei grundsätzlich vergleichbarer Verlustteilung die Verlustwärmestromdichten ansteigen. Steigende Wärmestromdichten erhöhen die thermische Belastung der aufneh-
menden Bauteile. Im Brennraum selbst erfahren der Kolbenboden und das
Auslassventil die größte thermische Belastung. Daher werden insbesondere bei
aufgeladenen Ottomotoren verschiedene Arten der Kolbenbodenkühlung, gehärtete
Ventilsitze und mit Natrium gefüllte Auslassventile eingesetzt. Außerhalb des Zylin-
derkopfs werden insbesondere Turbinenrad und -gehäuse des Abgasturboladers
durch den heißen Abgasmassenstrom thermisch hoch beaufschlagt. Hochlegierte
Turbinenwerkstoffe erlauben Abgastemperaturen vor Turbine von bis zu 1050°C.
Neuere Entwicklungen gehen dazu über, Teile des Abgaskrümmers in den Zylinderkopf zu integrieren [61]. Die dadurch mögliche teilweise Integration des Abgaskrümmers in den Kühlmittelkreislauf des Motors erhöht die Wärmeabfuhr aus dem Abgas,
wodurch sich die thermische Belastung der Abgasturbine auf ein zulässiges Maß
einstellen lässt.

3.3.4 Topologie und Kurzbewertung der Maßnahmen zur Einhaltung der Motorbetriebsgrenzen

Die Inputgrößen des Energiewandlungssystems Motorzylinder sind Luft und Kraftstoff. Mechanische Arbeit, Kühlwärme und Abgasenergie bilden die Outputgrößen des Systems. Die funktionalen Betriebsgrenzen des Systems sind zum Teil innermotorischer Art, liegen also im Energiewandlungsprozess selbst, zum Teil außermotorisch, repräsentiert durch die Komponenten der Abgasturboaufladung und der Abgasnachbehandlung. Grundsätzlich können Maßnahmen zur Einhaltung der Betriebsgrenzen an unterschiedlichen Stellen des Systems wirken, Abb. 17.

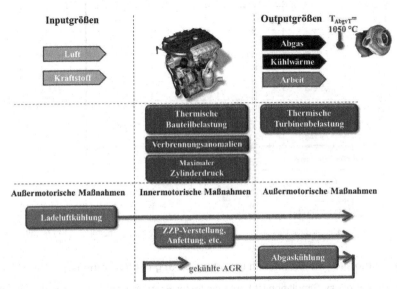

Abb. 17: Topologie der Motorbetriebsgrenzen und Eingriffsorte für Maßnahmen zur Einhaltung der Motorbetriebsgrenzen

Erfolgt ein Eingriff in das System erst nach dem innermotorischen Energiewandlungsprozess, wie z.B. beim gekühlten Abgaskrümmer, kann diese Maßnahme nicht direkt auf die vorgelagerten Prozesse wirken. Der systematische Vorteil der Ladeluftkühlung hingegen besteht darin, dass sie bereits als Inputgröße in dieses System wirken kann und sich somit sowohl auf die innermotorischen als auch auf die außermotorischen Betriebsgrenzen positiv auswirken kann.

Die Bewertung der Maßnahmen zur Einhaltung der Betriebsgrenzen erfolgt in den Kategorien ihrer Wirkung auf die Einhaltung der jeweiligen Betriebsgrenze. Zusätzlich werden die Systemkosten der jeweiligen Maßnahme mitberücksichtigt, Tab. 3.

Diese Bewertung ist rein subjektiv und soll lediglich eine Hilfe zur groben Einschätzung von Nutzen und Aufwand sein.

Tab. 3: Kurzbewertung von Maßnahmen zur Einhaltung der Betriebsgrenzen

Maßnahme		Abgastemperatur	Maximaler Zylinderdruck	Verbrennungsanomalien	Systemkosten
Innermotorische Maßnahmen	ZZP-Verstellung	○	⊕	⊕	⊕
	Gemischanreicherung	⊕	○	⊕	⊕
	Wassereinspritzung	⊕	○	⊕	⊖
	Alkoholeinspritzung	⊕	○	⊕	⊖
	Variables geometrisches Verdichtungsverhältnis	○	⊕	⊕	⊖
Ladeluftkühlung	Expansionssauganlage	⊕	○	⊕	○
	Turbokühlung	⊕	○	⊕	⊖
	Millerverfahren	⊕	○	⊕	○
	Wärmeübertrager	⊕	○	⊕	⊕
Abgaskühlung	Gekühlter Abgaskrümmer	⊕	⊖	⊖	○
	Innere Abgasrückführung	○	⊖	⊖	⊕
	Externe gekühlte Abgasrückführung	⊕	○	⊕	○

Auswirkung auf die Bewertungskategorie: ⊕ positiv   ○ neutral   ⊖ negativ

3.4 Motorprozess-Simulation und Modellierung der Verbrennung

Die Motorprozess-Simulation ist heute ein fester Bestandteil der Motorenentwicklung. Ein bedeutender Pionier der Rechner–gestützten Motorprozessrechnung war Gerhard Woschni. Seine Arbeiten zur elektronischen Kreisprozessrechnung [124], zur thermodynamischen Analyse [63] und sein Ansatz für den Wärmeübergang im Zylinder [125] legten den Grundstein für die Berechnung der instationären Zustandsänderungen des Arbeitsgases im Motorzylinder. Seitdem wurde die Güte der Motorprozess-Simulation stetig verbessert und ihr Einsatzbereich ständig erweitert. Dazu zählt seit den 1990er Jahren die Berechnung auch des transienten Motorbetriebes in Verbindung mit der Fahrzeuglängsdynamik [94]. Die steigende Rechengeschwindigkeit der Computer-Prozessoren erlaubt seit den 2000er Jahren die echtzeitfähige, physikalisch-basierte Motorprozess-Simulation [27] die, angewendet auf das Motorsteuergerät, beispielsweise als virtueller Sensor [89] adaptive Regeleingriffe erlaubt.

3.4.1 Motorgesamtprozessanalyse

Die Motorgesamtprozessanalyse umfasst neben der realen Arbeitsprozessrechnung in den Zylindern auch die Berechnung der Zustandsänderungen in den Gaswechselleitungen einschließlich der daran angeschlossenen Aufladeaggregate. Je nach Zielsetzung können dafür null- bis dreidimensionale Ansätze verwendet werden. Die nulldimensionale[7] Modellierung des Zylinders ist bis heute am weitesten verbreitet, wobei der Zylinder als ein einziges thermodynamisches System behandelt werden kann (Einzonenmodell), aber auch in mehrere thermodynamische Zonen aufgeteilt werden kann, deren Zustandsänderungen zeitlich parallel gerechnet werden (Mehrzonenmodell). Die intermittierende Arbeitsweise des Hubkolbenmotors (Ladungswechsel) generiert neben der zeitlichen auch eine örtliche Abhängigkeit der Zustandsgrößen in den Gaswechselleitungen. Dies hat Auswirkungen auf die am Ende des Ladungswechsels im Zylinder vorliegende Ladungsmasse und deren Zusammensetzung. Für die Berechnung der instationären Zustandsänderungen in den Gaswechselleitungen werden daher mittlerweile überwiegend eindimensionale Ansätze verwendet, deren partielle Differentialgleichungen anfänglich noch mit der *Charakteristikenmethode* [84] gelöst wurden, während heute dazu sog. Differenzenverfahren genutzt werden. Beinhalten Luft- und Abgaspfad Aufladeaggregate, wie z.B. den Verdichter und die Turbine eines Abgasturboladers, werden diese in der Regel durch Vorgabe der sie beschreibenden Kennfelder[8] als Randbedingung in der Berechnung berücksichtigt [118].

Die nulldimensionale Berechnung der Zustandsänderungen des Arbeitsgases im Zylinder nach dem Einzonenmodell geht von der Bilanzierung des Brennraums aus. Neben der **Massenbilanz** und der **thermischen Gaszustandsgleichung** wird die **Energiebilanz** für den Zylinder aufgestellt. In differentieller Form ergeben diese Grundgleichungen eine Differentialgleichung 1. Ordnung.

Der 1. Hauptsatz der Thermodynamik, angewendet auf einen offenen Bilanzraum und nach dem Kurbelwinkel φ abgeleitet, ergibt die Energiebilanz:

$$\underbrace{\frac{dU}{d\varphi}}_{\substack{innere \\ Energie}} = \underbrace{\frac{dQ_B}{d\varphi}}_{Brennverlauf} - \underbrace{\frac{dQ_W}{d\varphi}}_{\substack{Wand- \\ wärmestrom}} + \underbrace{h_E\frac{dm_E}{d\varphi} - h_Z\frac{dm_A}{d\varphi}}_{\substack{Massenstrom- \\ enthalpie}} - \underbrace{h_Z\frac{dm_{Le}}{d\varphi}}_{\substack{Leckstrom- \\ enthalpie}} - \underbrace{p\frac{dV}{d\varphi}}_{\substack{Volumen- \\ änderungsarbeit}} \qquad (4)$$

---

[7] Die Änderung der Zustandsgrößen wird lediglich zeitlich und nicht räumlich erfasst.
[8] Die Messmethodik der experimentell ermittelten Verdichter- und Turbinenkennfelder hat dabei ihrerseits einen signifikanten Einfluss auf das Betriebsverhalten des Gesamtsystems [71].

Die Leckstromenthalpie aus dem sogenannten *Blowby* kann aufgrund ihrer geringen Menge in der Regel vernachlässigt werden. Ist der Ladungswechsel abgeschlossen und der Kraftstoff bereits verdampft, vereinfacht sich die Gleichung (4) zu:

$$\frac{dU}{d\varphi} = \frac{dQ_B}{d\varphi} - \frac{dQ_W}{d\varphi} - p\frac{dV}{d\varphi} \qquad (5)$$

Eine Änderung der inneren Energie $dU/d\varphi$ kann durch Wärmefreisetzung $dQ_B/d\varphi$, Wärmeaustausch mit der Zylinderwand $dQ_W/d\varphi$ und Volumenänderungsarbeit $p \cdot dV/d\varphi$ erfolgen. Die innere Energie U des Arbeitsgases im Zylinder kann bei Kenntnis der momentanen Zusammensetzung in Abhängigkeit von Druck und Temperatur über Polynomansätze (z.B. Justi [54] oder Zacharias [129]) berechnet werden. Die genaue Berechnung des lokalen Wandwärmestroms ist aufgrund des dynamischen Temperaturfeldes hochkomplex. Daher wird in der nulldimensionalen Motorprozessrechnung in der Regel auf den Newton´schen Ansatz zur stationären Wärmeleitung zurückgegriffen.

$$\frac{dQ_W}{d\varphi} = \underbrace{\alpha\,(\varphi)}_{\substack{W\ddot{a}rme \\ \ddot{u}bergangskoeffizient}} \cdot \underbrace{A}_{Fl\ddot{a}che} \cdot (\underbrace{T_W\,(\varphi)}_{\substack{Wand \\ temperatur}} - \underbrace{T_{Gas}\,(\varphi)}_{\substack{Gas \\ temperatur}}) \qquad (6)$$

Für die Beschreibung des Wärmeübergangskoeffizienten während eines Arbeitsspiels existieren verschiedene Ansätze. Die breiteste Anwendung finden die Ansätze nach Woschni [126], Hohenberg [49] und Bargende [4].

Die zeitlich veränderlichen Zustandsgrößen im Zylinder während der Hochdruckphase werden schließlich durch Vorgabe des (Ersatz-)Brennverlaufs berechnet, Abb. 18. Für die schrittweise numerische Lösung der gekoppelten Differentialgleichungen werden die notwendigen Anfangswerte (Masse, Temperatur und Druck) entweder aus der Ladungswechselrechnung übernommen oder geschätzt.

Ist der indizierte Zylinderdruckverlauf verfügbar, kann der (reale) Brennverlauf mithilfe der sogenannten thermodynamischen Analyse des Zylinderdruckverlaufs bestimmt werden. Die Qualität dieser thermodynamischen Druckverlaufsanalyse (TDA) hängt außer von der Signalqualität des Druckverlaufs entscheidend von der Kenntnis der Arbeitsgaszusammensetzung nach dem Ladungswechsel ab. Dies erfordert eine genaue Ladungswechselrechnung. Um diese möglichst gut abzubilden, sind neben den Durchflusskoeffizienten an Ein- und Auslassventil die kurbelwinkelaufgelösten gemessenen Druckverläufe jeweils im Ein- und im Auslasskanal erforderlich.

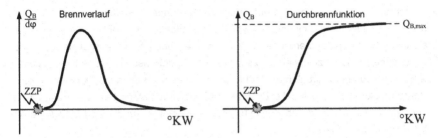

Abb. 18: Schematische Darstellung von Brennverlauf und Durchbrennfunktion

3.4.2 Modellierung der Verbrennung

Die Modellierung der Wärmefreisetzung im Zylinder lässt sich grundsätzlich hinsichtlich ihrer Dimensionalität unterscheiden, Abb. 19.

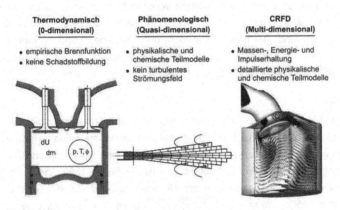

Abb. 19: Kategorien von Verbrennungsmodellen [74]

Nulldimensionale Modelle beschreiben die Verbrennung als Funktion der Zeit und sind empirischer Natur, das heißt, sie berücksichtigen keine chemischen oder physikalischen Phänomene, wie beispielsweise die Turbulenz. Der Brennverlauf kann, sofern vorhanden, direkt vorgegeben oder durch parametrierte mathematische Funktionen ersetzt werden. Der Vorteil dieser Modellklasse liegt in ihrer geringen Rechenzeit und in der Möglichkeit, durch einfache Parametereingriffe den Ersatzbrennverlauf zu modifizieren. Für homogen betriebene Ottomotoren wird dafür häufig das sogenannte *Wiebe-Modell* [117] verwendet.

Quasidimensionale Modelle werden auch als phänomenologische Modelle bezeichnet, da sie die Wärmefreisetzung anhand physikalischer und chemischer Phänomene beschreiben. Im Grunde beschreiben sie das Phänomen wie, und wieviel

unverbranntes Gemisch der Verbrennung pro Zeitreinheit zugeführt wird. Der Brennraum muss hierfür in mindestens zwei Zonen aufgeteilt werden, in denen die Zustandsgrößen separat berechnet werden. Daher werden diese Modelle auch als
quasi-dimensional bezeichnet. Herzstück dieser Modellklasse ist die nulldimensionale Beschreibung der turbulenten Ladungsbewegung im Brennraum. Der bekannteste
Vertreter dieser Klasse für die Beschreibung der ottomotorischen Verbrennung ist
der Ansatz nach *Blizard* und *Keck* [10], das sogenannte *Entrainment-Modell*, veröf-
fentlicht im Jahr 1974.

Multidimensionale bzw. dreidimensionale Modelle besitzen die größte Modellierungstiefe. Das Strömungsfeld im Zylinder wird numerisch mithilfe von CFD-
Verfahren beschrieben. Die Teilprozesse Gemischbildung, Zündung und Verbrennung werden entweder direkt mit der Reaktionskinetik berücksichtigt oder durch die
Anwendung phänomenologischer Modelle vereinfacht dargestellt, da die detaillierten
reaktionskinetischen Vorgänge für ein Vielstoffgemisch wie Benzin noch nicht ausreichend erforscht sind. Der hohe Bedatungs- und Rechenaufwand schränkt noch immer den Einsatz in der Gesamtprozessanalyse erheblich ein. Für weiterführende
Informationen sei auf [74] und [32] verwiesen.

Wiebe-Modell

Das Wiebe-Modell [117] bzw. der Wiebe-Brennverlauf ist ein semiempirischer Ansatz
und beschreibt die Energiefreisetzung anhand einer mathematischen Funktion.
Durch die gute Handhabbarkeit dieser Funktion und ihr Vermögen den Brennverlauf
des homogen betriebenen Ottomotors gut nachzubilden [30], findet die Wiebe-
Funktion eine breite Anwendung in der Motorprozess-Simulation. Wiebe argumen-
tierte in den 1950er Jahren, dass für die motorische Verbrennung eine detaillierte
Betrachtung der Reaktionskinetik ungeeignet sei. Er stellte eine makroskopische
Beschreibung der Reaktionsgeschwindigkeit, basierend auf der Arrhenius-Gleichung,
auf. Die Durchbrennfunktion wird beschrieben durch:

$$\frac{Q_B}{Q_{B,ges}} = 1 - e^{-a\left(\frac{\varphi - \varphi_{BB}}{\varphi_{BD}}\right)^{m+1}} \qquad (7)$$

Die Ableitung der Durchbrennfunktion nach dem Kurbelwinkel φ liefert den Brennverlauf:

$$\frac{dQ_B}{d\varphi} = \frac{Q_{B,ges}}{\varphi_{BD}} a(m+1)\left(\frac{\varphi - \varphi_{BB}}{\varphi_{BD}}\right)^m \cdot e^{-a\left(\frac{\varphi - \varphi_{BB}}{\varphi_{BD}}\right)^{m+1}} \qquad (8)$$

Der Parameter a beschreibt die zu der vorgegebenen Brenndauer φ_{BD} erreichte Kraftstoff-umsetzung. Häufig wird $a = -6.908$ gesetzt, was einem Umsetzungsgrad von 99,9% entspricht. Die Wiebe-Funktion kann nun mittels nur dreier Parameter festgelegt werden:

- Brennbeginn (φ_{BB})
- Brenndauer (φ_{BD})
- Formparameter (m)

Sind der Brennbeginn und die Brenndauer festgelegt, kann bei gegebener Energie-umsetzung ($Q_{B,ges}$) durch Variation des Formparameters der Verlauf der Wärmefrei-setzung beeinflusst werden, Abb. 20. Kleine Werte für m repräsentieren dabei einen hohen Gradienten der Energiefreisetzung zu Brennbeginn sowie einen geringen Gradienten zum Brennende.

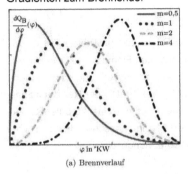

(a) Brennverlauf

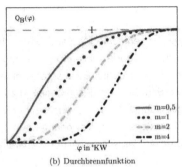

(b) Durchbrennfunktion

Abb. 20: Einfluss des Formparameters auf den Wiebe-Brennverlauf (a) und die Durch-brennfunktion (b) bei gleichem Energieumsatz

Es sei noch angemerkt, dass der Verlauf der Wiebe-Funktion bereits durch Festle-gung von Brenndauer und Formparameter vollständig definiert ist. Als Ankerpunkt der Wiebe-Funktion auf der Kurbelwinkelachse kann ein beliebiger Umsatzpunkt gewählt werden. Daher ist es auch möglich als Ankerpunkt, statt des (mathemati-schen) Brennbeginns, auch den Verbrennungsschwerpunkt vorzugeben. Ebenfalls kann die gleiche Gesamt-Brenndauer (0-100% der Energiefreisetzung) desselben Wiebe-Brennverlaufs durch zwei beliebige, voneinander verschiedene, Umsatzpunk-te definiert werden. In der Praxis wird häufig die Brenndauer zwischen dem 10%-und dem 90%-Umsatzpunkt vorgegeben. Es wäre aber auch möglich denselben Wiebe-Brennverlauf durch die Vorgabe der Brenndauer zwischen dem 10%- und dem 50%-Umsatzpunkt zu beschreiben. Die Umrechnung von der einen in die ande-re Brenndauer erfolgt durch Anpassung des Formparameters. Der Formparameter übersetzt sozusagen eine beliebige Teil-Brenndauer in die Gesamt-Brenndauer.

Entrainmentmodell

Das von *Blizard* und *Keck* [10] entwickelte und von *Tabaczinsky* [105] erweiterte phänomenologische Verbrennungsmodell liefert für jeden Zeitschritt in der Simulation die Energiefreisetzungsrate, ohne dass ein Brennverlauf vorgegeben werden muss. Es beruht auf der Annahme, dass von der Zündkerze ausgehend eine kugelförmige turbulente Flammenfront sich durch den Brennraum bewegt. Die Flammenfront teilt den Brennraum in eine verbrannte und eine unverbrannte Zone, wird jedoch selbst als unendlich dünn angenommen und daher nicht als eigene Zone betrachtet. Die Verbrennung wird in zwei Schritte eingeteilt. Zunächst wird unverbrannte Ladungs-masse der Flammenfront zugeführt (Entrainment) und anschließend diese in Wärme umgesetzt. Mithilfe der Kontinuitätsgleichung wird das Einbringen der unverbrannten Masse bzw. des entsprechenden Massenstroms in die Flammenfront beschrieben:

$$\dot{m}_e = \rho_u \cdot A_f \cdot s_t \qquad (9)$$

Der eingebrachte Massenstrom $\dot{m}_e$ hängt von der Dichte des unverbrannten Gemi-sches ρ_u, der aktuellen Kugelfläche A_f und der turbulenten Flammengeschwindigkeit s_t ab, die sich additiv aus der laminaren Flammengeschwindigkeit und der turbulen-ten Schwankungsgeschwindigkeit zusammensetzt, s. Gl (2). Die der Reaktionszone zugeführte Masse m_e verbrennt unter der Annahme, dass einzelne Turbulenzballen charakteristischer Taylorlänge l_T mit der laminaren Flammengeschwindigkeit s_l ver-brennen. Daraus resultiert die charakteristische Verbrennungszeit:

$$\tau_v = \frac{l_T}{s_l} \qquad (10)$$

Mithilfe der Verbrennungszeit lässt sich die Massenumsatzrate $\dot{m}_v$ bestimmen. Sie ist die Differenz zwischen eingebrachter m_e und bereits verbrannter Masse m_v im Ver-hältnis zur charakteristischen Verbrennungszeit τ_v und kann als Transportgeschwin-digkeit der Masse aus der Flammenfront in die verbrannte Zone interpretiert werden:

$$\dot{m}_v = \frac{m_e - m_v}{\tau_v} \qquad (11)$$

Die für jeden Zeitschritt zugeführte Energierate errechnet sich durch Multiplikation mit dem Heizwert.

Entscheidend in diesem Modell sind die turbulente Flammengeschwindigkeit und das charakteristische Längenmaß. Beide Größen müssen aufgrund der fehlenden Kennt-nis des Strömungsfeldes modelliert werden. In der Literatur existieren dafür viele verschiedene Ansätze, die untereinander eine erhebliche Streuung aufweisen [74].

4 Versuchsaufbau und Methodik

4.1 Versuchsaufbau

Versuchsträger

Die in dieser Arbeit vorgestellten Ergebnisse basieren auf Motorprüfstandsversuchen, die an einem aufgeladenen 4-Zylinder-Reihen-Ottomotor durchgeführt werden. Die Spezifikation dieses Versuchsträgers ist in Tab. 4 aufgeführt. Der Zylinderkopf sowie der Einlass- und der Auslasskrümmer werden mit Messstellen für Hoch- bzw. Niederdruckindizierung versehen. Medienführende[9] Bauteile werden mit Sensoren, mehrheitlich für Druck und Temperatur, bestückt.

Tab. 4: Spezifikation des Versuchsträgers

Merkmal	Wert
Bauart	4-Zylinder Reihen-Ottomotor
Aufladung	Mechanische und Abgasturboaufladung
Nennleistung	118kW bei 6000min^{-1}
Hubraum	1390cm^3
Bohrung	76.5mm
Hub	75.6mm
Verdichtungsverhältnis	10:1
Anzahl Ventile pro Zylinder	4
Variable Steuerzeit	Phasensteller Einlassnockenwelle
Einspritzsystem	Common-Rail-System
Maximaler Einspritzdruck	150bar
Einspritzverfahren	Zylinder-Direkteinspritzung
Brennverfahren	Homogenbetrieb, keine externe AGR
Maximal zul. Abgastemperatur vor Turbine	1050°C
Maximal zul. Zylinderdruck	75bar

Der Versuchsträger wird bei allen Versuchen ausschließlich mit Kraftstoff der Norm *Super Plus ROZ 98* betrieben. Im Anhang ist das Ergebnis der Kraftstoffanalyse aufgeführt. Zur Motorsteuerung dient das Forschungssteuergerät *PROtroniC* der Firma *AFT*. Mit diesem Steuergerät kann der Zündzeitpunkt zylinderselektiv und mit einer Auflösung von 0.1°KW eingestellt werden. Um Quereinflüsse auf die Verbrennung zu minimieren, wird bei allen Versuchen stets die gleiche Einspritzstrategie, Einzeleinspritzung in den Saughub, beibehalten. Einspritzzeitpunkt und Einspritzdruck sind der Serienapplikation entnommen.

---

[9] Dazu zählen Luft- und Abgaspfad, Kraftstoffsystem sowie Kühlmittel- und Ölkreislauf

Versuchsaufbau des Motors und motornahe Umgebung am Prüfstand

Die Ladelufttemperatur ist für die in dieser Arbeit durchgeführten Versuche von zentraler Bedeutung. Daher gilt es, die Ladelufttemperatur präzise und unabhängig von möglichen Quereinflüssen durch die Prüfstandsperipherie bzw. den Motor selbst einstellen zu können.

Die dem Motor zuzuführende Luft wird der Prüfstandskabine entnommen. Deshalb werden Temperatur und Feuchtigkeit der Luft in der Prüfstandskabine konditioniert. Während aller Motorversuche wird die Temperatur der Luft in der Prüfstandskabine stets auf 25°C und deren relative Feuchtigkeit auf 40% eingestellt. Die dem Motor zuzuführende Luft wird nach dem Verdichter des Turboladers zunächst in einem wassergekühlten Ladeluftkühler (LLK 1) heruntergekühlt, Abb. 21, dessen Wassereintrittstemperatur 6°-10°C beträgt. In einem weiteren Ladeluftkühler (LLK 2) wird anschließend die Ladeluft bis auf ca. 2K unterhalb der gewünschten Zieltemperatur an der Messstelle T_{nDK} (Temperatur nach Drosselklappe) gekühlt. Dazu wird der *LLK 2* mit einem Kühlmedium durchströmt, dessen Temperatur durch eine extern angetriebene Kompressionskälteanlage konditioniert wird. Damit lassen sich Eintrittstemperaturen des Kühlmediums in den *LLK 2* von bis zu -20°C einstellen. Anschließend wird mittels einer leistungsgeregelten elektrischen Luftheizung die Ladeluft exakt auf die gewünschte Zieltemperatur an der Messstelle T_{nDK} erwärmt. Die in dieser Arbeit synonym verwendeten Begriffe *Ladelufttemperatur* und *Einlasstemperatur* beziehen sich stets auf die an dieser Messstelle gemessene Temperatur der Ladeluft. Um eine möglichst geringe Schwankung bzw. eine hohe Regelgenauigkeit der Temperatur an dieser Messstelle zu erreichen, wird dort ein hochpräziser Temperatursensor, mit einer Auflösung von 0.1K, eingesetzt.

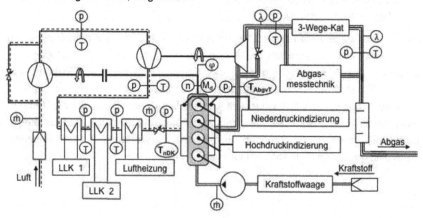

Abb. 21: Versuchsaufbau und Sensorik des Versuchsträgers

Abhängig von den Umgebungsbedingungen, führt ein hoher Ladedruck bei entsprechend tiefer Rückkühlung der Ladeluft zur Taupunktunterschreitung der Ladeluft, sodass Wasser in der Ladeluft auskondensiert. Dies ist bei den in dieser Arbeit durchgeführten Hochlastversuchen bei tiefen Ladelufttemperaturen in bestimmten Betriebspunkten der Fall. Daher war die Ladeluftstrecke nach dem Verdichter des Turboladers konstruktiv so gestaltet, dass sich aus der Ladeluft auskondensiertes Wasser an keiner Stelle sammeln kann, sondern durch die Luftströmung selbst bzw. die Schwerkraft vollständig dem Brennraum zugeführt wird. Dadurch werden Quereinflüsse aus variierendem Wasseranteil der Zylinderladung während der Vermessung von Betriebspunkten vermieden.

Der dem Einspritzsystem des Motors zugeführte Kraftstoff wird prüfstandsseitig vorkonditioniert. Durch einen Wärmeübertrager und einen Druckregler nach der Kraftstoff-Vorförderpumpe werden die Kraftstofftemperatur auf 25°C und der Kraftstoffdruck auf 5bar konstant gehalten.

Um Quereinflüsse auf die Verbrennung infolge unterschiedlicher Wärmeübergangsbedingungen durch schwankende Motorkühlmitteltemperatur zu minieren, wird diese Temperatur auf konstant 90°C eingeregelt. Als Führungsgröße dient dabei die Kühlmitteltemperatur am Motoraustritt. Die erreichte Regelungsgenauigkeit beträgt ±0.5K. Sie liegt somit im Bereich der Auflösungsgenauigkeit der dafür verwendeten Temperaturmesstechnik.

Das Luftverhältnis λ, das neben der Motorsteuerung als Überwachungsgröße für den Luftpfad dient, wird durch vier voneinander unabhängige Systeme protokolliert:

- Berechnung aus Luft- und Kraftstoffmassenstrom
- Berechnung aus der Abgasanalyse nach *Brettschneider* [Bos79]
- Messung im Abgasstrom nach Katalysator mit einer Breitbandlambdasonde
- Messung im Abgasstrom vor Katalysator mit einer Breitbandlambdasonde

Die eingesetzte Prüfstands- und Messtechnik entspricht dem Standard in der Motorenentwicklung:

- Als Temperatursensoren werden im Luftpfad PT100-Widerstandsthermometer und im Abgaspfad NiCrNi-Thermoelemente eingesetzt. Das PT100-Widerstandsthermometer an der Messstelle T_{nDK} besitzt eine Auflösung von 0.1K. Alle übrigen Temperatursensoren verfügen über eine Auflösung von 0.5K.

- Die stationäre Druckmessung im Luft- und Abgaspfad erfolgt mit piezoresistiven Drucksensoren der Genauigkeitsklasse 0.1% FSO (Full Scale Output).

- Der aus dem Prüfstand angesaugte Luftmassenstrom wird mittels eines Heißfilm-Anemometers des Herstellers ABB, Typ SensyflowFMT700-P, erfasst.

- Die Kraftstoffverbrauchsmessung wird mit einer Kraftstoffwaage der Firma AVL, Typ 730, durchgeführt.

- Für die Zylinderdruckindizierung an allen vier Zylindern werden wassergekühlte Druckquarze vom Typ 6061B und Ladungsverstärker vom Typ 5007 der Firma Kistler Instrumente eingesetzt.

- Im Einlass- und im Auslasskanal des ersten Zylinders – vom getriebeseitigen Kurbelwellenabgang aus gezählt – erfolgt eine Niederdruckindizierung. Im Einlasskanal wird dazu ein Piezoquarz vom Typ 4045A5 und im Auslasskanal ein Piezoquarz vom Typ 4075A10, jeweils in Kombination mit einem Ladungsverstärker vom Typ 4601A, der Firma Kistler Instrumente verwendet.

- Die Indizierung und Aufzeichnung der Druckverläufe erfolgt mit dem Indiziersystem vom Typ KIS 4 der Firma IAV. Als Auflösung wird ein Winkelinkrement von $\Delta\varphi=0.5°$KW eingestellt.

- Die Ablaufsteuerung und die Datenerfassung erfolgen mit dem System LabView der Firma National Instruments.

4.2 Methodik

Die Motorbetriebspunkte werden über die Kombination aus Motordrehzahl und Last definiert. Welche Motorbetriebsgröße als „Last" gewählt wird, ist abhängig von der jeweiligen Versuchsreihe. In den Versuchen zur Sensitivitätsanalyse (Kap. 0) wird die Last des Startpunkts einer Untersuchung über die Kombination von konstantem Luftmassenstrom und konstantem Luftverhältnis (λ=1) definiert. Bei allen anderen Versuchen wird die Last entweder über den effektiven (p_{me}) oder den indizierten Mitteldruck (p_{mi}) eingestellt, wobei der indizierte Mitteldruck sowohl die Hochdruck als auch die Ladungswechselschleife eines Arbeitsspiels umfasst. Dadurch wird eine etwaige Auswirkung der Ladelufttemperatur auf die Ladungswechselarbeit unmittelbar berücksichtigt.

Mit den Motorversuchen soll im Wesentlichen der Einfluss unterschiedlicher Motorbetriebsparameter auf den Brennverlauf untersucht werden. Zur besseren Vergleichbarkeit ist es sinnvoll, statt des Zündzeitpunkts den Verbrennungsschwerpunkt (MFB50) als Ankerpunkt der Verbrennung zu verwenden. Daher wird der Zündzeitpunkt zylinderselektiv so eingestellt, dass alle Zylinder den gleichen Verbrennungsschwerpunkt aufweisen.

4.2.1 Repräsentativer Zylinderdruckverlauf

Der am Motorprüfstand gemessene Zylinderdruckverlauf ist die zentrale Eingangsgröße sowohl in die Heizverlaufsrechnung als auch in die thermodynamische Druckverlaufsanalyse. Damit hat die Genauigkeit der Zylinderdruckverlaufsmessung einen
unmittelbaren Einfluss auf die aus ihr berechneten Kennwerte, wie den indizierten
Mitteldruck und den Brennverlauf, aber auch auf die Ermittlung des Restgasanteils
und der Zylinderspitzentemperatur. Aufgrund der gerade beim Ottomotor relativ starken zyklischen Schwankungen in der Gemischzusammensetzung und der Ladungsbewegung an der Zündkerze zum Zündzeitpunkt unterscheidet sich der
Zylinderdruckverlauf von Arbeitsspiel zu Arbeitsspiel. Für die Ermittlung eines für den
gegebenen Betriebspunkt repräsentativen Zylinderdruckverlaufs ist es daher notwendig, über eine ausreichend hohe Anzahl aufeinander folgender Arbeitsspiele
jeweils den Zylinderdruckverlauf zu indizieren und anschließend daraus einen gemittelten (=repräsentativen) Zylinderdruckverlauf zu ermitteln. Um herauszufinden, wie
viele Arbeitsspiele für einen repräsentativen Zylinderdruckverlauf aufgezeichnet
werden sollen, werden Motorversuche durchgeführt, deren Betriebsparameter tendenziell hohe zyklische Schwankungen verursachen. Es werden zu jedem Betriebspunkt 200 Arbeitsspiele indiziert und ausgewertet.

Kurve	Drehzahl	ZZP	T_{nDK}	Lambda	$\dot{m}_l$	Luftaufwand	MFB50
– – – ·		Schleppdruck		[-]	50kg/h	λ_a=0.50	keine Verbrennung
	2000 min⁻¹				25kg/h	λ_a=0.25	27.6° KW n. ZOT
		7.9° KW v. ZOT	30°C	1.0	75kg/h	λ_a=0.75	17.4° KW n. ZOT
					100kg/h	λ_a=1.00	16.0° KW n. ZOT

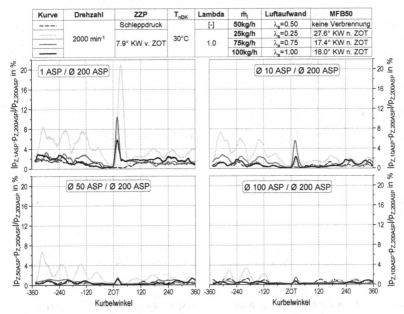

**Abb. 22: Einfluss der Anzahl der gemittelten Arbeitsspiele auf den Zylinderdruck bei
unterschiedlichem Luftaufwand**

Abb. 22 zeigt, dass bei abnehmender Last die Zylinderdruckschwankungen sowohl während des Ladungswechsels als auch während der Verbrennung zunehmen. Wird die zulässige Abweichung des Druckverlaufs mit 5% festgelegt, ist eine Mittelung über mindestens 100 Arbeitsspiele ausreichend. In dieser Versuchsreihe wird zusätzlich der Schleppdruckverlauf als Kontrollgröße aufgezeichnet. Aufgrund der dabei fehlenden Verbrennung und damit ausbleibenden zyklischen Schwankungen während der Hochdruckphase eignet er sich zur Validierung, dass die Aufzeichnung von mehr als 200 Arbeitsspielen zu keiner weiteren signifikanten Verringerung der Streuung im Zylinderdruckverlauf führen würde.

In einem weiteren Versuch wird bei konstantem Luftmassenstrom das Luftverhältnis λ variiert, Abb. 23. Grundsätzlich nehmen die zyklischen Schwankungen im betrachteten Lambda-Bereich hin zu magerem Gemisch zu. Selbst bei einem Luftverhältnis von λ=1.4 genügt es aber, den Zylinderdruckverlauf aus 50 Arbeitsspielen zu mitteln, um während des gesamten Arbeitsspiels eine geringere Streuung als 5% gegenüber dem gemittelten Druckverlauf aus 200 Arbeitsspielen zu erhalten.

Kurve	Betriebsparameter	Lambda	MFB50
	n=4000 min⁻¹;	0.8	keine Verbrennung
	ZZP=18.9° KW v. ZOT	1.0	8.0° KW n. ZOT
	T_{nDK}=40°C;	1.2	12.3° KW n. ZOT
	$\dot{m}_l$=150 kg/h; λ_a=0.7	1.4	21.4° KW n. ZOT

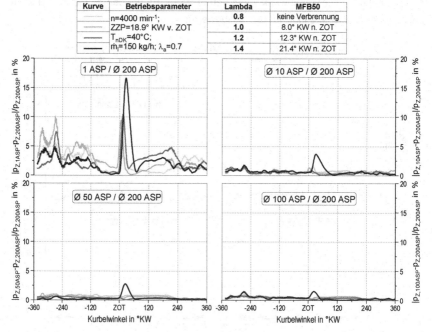

Abb. 23: Einfluss der Anzahl der gemittelten Arbeitsspiele auf den Zylinderdruck bei unterschiedlichem Luftverhältnis

Um eine genügende Reserve für repräsentative Zylinderdruckverläufe auch bei potenziell noch größeren zyklischen Schwankungen zu gewährleisten, wird der Zylinderdruckverlauf zu jedem in dieser Arbeit untersuchten Betriebspunkt von genau 200 aufeinanderfolgenden Arbeitsspielen indiziert und anschließend gemittelt.

4.2.2 Zylinderdruckverlaufsanalyse am Motorprüfstand

Die Zylinderdruckverlaufsanalyse am Motorprüfstand erfüllt die Funktionen Überwachung, Steuerung und Bewertung des Hochdruckteils des Motorprozesses. Sie ist inzwischen zu einem Bestandteil gängiger Indiziersysteme geworden. Die genannten Funktionen können jedoch nur erfüllt werden, wenn die Rechenzeit der Zylinderdruckverlaufsanalyse ausreichend nah an der Echtzeit liegt. Um dies zu erreichen, wird statt der rechenintensiveren Brennverlaufsrechnung lediglich eine Heizverlaufsrechnung durchgeführt, sodass die Berechnung des Wandwärmeübergangs nicht erforderlich ist. Wie aus Gl. (12) deutlich wird, ist der Heizverlauf $dQ_H/d\varphi$ gegenüber dem Brennverlauf $dQ_B/d\varphi$ um die an die Zylinderwandung übergegangene Wärme $dQ_W/d\varphi$ geringer; er drückt also aus, wie sehr bei der Verbrennung das Arbeitsgas im Zylinder aufgeheizt wird.

$$\frac{dQ_H}{d\varphi} = \frac{dQ_B}{d\varphi} - \frac{dQ_W}{d\varphi} \tag{12}$$

Zudem werden bei in Indiziersystemen implementierten Heizverlaufsrechnungs-Methoden im Allgemeinen noch folgende Vereinfachungen getroffen – so auch bei dem in dieser Arbeit benutzten:

- Arbeitsgas wird als ideales Gas betrachtet
- Konstante kalorische Stoffwerte ($\kappa = const$)
- Steuerzeiten haben keinen Einfluss auf das thermodynamisch wirksame Verdichtungsverhältnis.

Mit diesen Annahmen berechnet sich der Heizverlauf nach folgender Gleichung:

$$\frac{dQ_H}{d\varphi} = \left(\frac{\kappa}{\kappa - 1}\right) p \frac{dV}{d\varphi} + \left(\frac{1}{\kappa - 1}\right) V \frac{dp}{d\varphi} \tag{13}$$

Für diese Heizverlaufsrechnung werden neben dem Zylinderdruckverlauf lediglich noch die Kinematik des Kurbeltriebs und der Isentropenexponent κ benötigt. Liegt ein für den Betriebspunkt repräsentativer Zylinderdruckverlauf vor, hängt die Güte der Heizverlaufsrechnung entscheidend von der Qualität des gemessenen Zylinderdrucksignals ab. Neben der guten Lage- und Druckeinpassung [21] des Zylinderdrucksignals, sind dessen Messauflösung und das verwendete Glättungsverfahren

[69] aufeinander abzustimmen. Das Ergebnis der Zylinderdruckverlaufsanalyse umfasst neben dem Heizverlauf auch wichtige Größen zur Steuerung und Überwachung des Motorbetriebes, Tab. 5.

Tab. 5: Ausgabewerte der Zylinderdruckverlaufsanalyse am Prüfstand

Überwachungsgrößen	Heizverlaufsanalyse
• Indizierter Mitteldruck	• Verbrennungsschwerpunkt
• Max. Zylinderdruck und seine zeitl. Lage	• Brennverzug
• Druckgradient	• Brenndauer
• Zyklische Schwankungen	• Brennende
• Zündaussetzer	
• Klopferkennung	

Aussagekraft der Heizverlaufsrechnung

Die Verwendung des Heizverlaufs anstelle des Brennverlaufs aus der thermodynamischen Analyse führt zwangsläufig zu rechnerischen Abweichungen im zeitlichen Verlauf der Energiefreisetzung. Eine wichtige Applikationskenngröße ist der Verbrennungsschwerpunkt (MFB50). Er kennzeichnet den Kurbelwinkel, bei dem 50% der Kraftstoffenergie umgesetzt sind. Der thermodynamisch optimale Verbrennungsschwerpunkt liegt bei Ottomotoren im Bereich von 6-10°KW nach ZOT [5] [110]. Wird am Motorprüfstand der Zündzeitpunkt so eingestellt, dass die im Indiziersystem integrierte Heizverlaufsrechnung einen Verbrennungsschwerpunkt von MFB=8°KW n. ZOT ausgibt, stellt sich eine Abweichung zur Bestimmung des Verbrennungsschwerpunkts aus dem Brennverlauf von weniger als 1°KW im betrachteten Drehzahlbereich ein, Abb. 24.

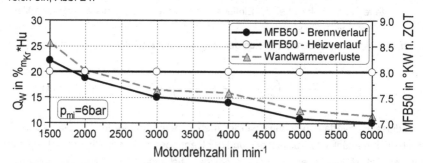

Abb. 24: Wandwärmeverluste und Verbrennungsschwerpunkt aus Heiz- bzw. Brennverlauf berechnet über der Motordrehzahl

Demnach eignet sich die Heizverlaufsrechnung sehr gut dazu, den thermodynamisch optimalen Zündzeitpunkt am Motorprüfstand herauszufinden. Der aus der Brennverlaufsanalyse errechnete Verbrennungsschwerpunkt zeigt erwartungsgemäß eine strenge Korrelation mit dem integralen Wärmeübergang in die Brennraumwände. Offensichtlich ist der Wandwärmeübergang ursächlich für die Abweichungen in der Berechnung des Verbrennungsschwerpunkts aus dem Heiz- bzw. dem Brennverlauf.

Eine weitere charakteristische Kenngröße der motorischen Verbrennung stellt die Brenndauer dar. Sie wird häufig als Kurbelwinkeldifferenz zwischen dem 10%- und dem 90%-Umsatzpunkt angegeben. Wird der gleiche gemessene Druckverlauf Heizverlaufsrechnungen vorgegeben, die sich lediglich in der Vorgabe des Isentropenexponenten unterscheiden, kann die Sensitivität der Heizverlaufsrechnung auf den Isentropenexponenten ermittelt werden, Abb. 25.

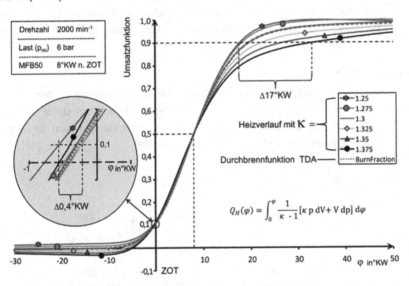

Abb. 25: Einfluss des Isentropenexponenten κ auf die Brenndauer $\varphi_{10-90\%}$ des Heizverlaufes

Während der 10%-Umsatzpunkt und der 50%-Umsatzpunkt praktisch nicht vom Isentropenexponenten abhängen, ist für den 90%-Umsatzpunkt eine erhebliche Streuung für unterschiedliche Werte des Isentropenexponenten erkennbar. Zudem zeigt sich zwischen dem 10%- und dem 50%-Umsatzpunkt eine sehr gute Übereinstimmung zwischen Heiz- und Brennverlauf (in Abb. 25 als *BurnFraction* bezeichnet), und das unabhängig vom gewählten Isentropenexponenten[10].

Damit sind folgende – für den Ottomotor – fundamentale Feststellungen möglich:

- Mit der Heizverlaufsrechnung ermittelte Umsatzpunkte sind im letzten Drittel der Wärmefreisetzung stark abhängig vom gewählten Wert für den Isentropenexponenten. Ein Vergleich der mit der Heizverlaufsrechnung ermittelten Brenndauer $\varphi_{10\text{-}90\%}$ unterschiedlicher Motoren ist daher grundsätzlich nicht möglich.

- Ein Vergleich der mit der Heizverlaufsrechnung ermittelten Brenndauer $\varphi_{10\text{-}50\%}$ unterschiedlicher Motoren ist möglich, unabhängig vom gewählten Wert für den Isentropenexponenten.

- Für Brenndauer $\varphi_{10\text{-}50\%}$ zeigt sich eine sehr gute Übereinstimmung zwischen der Heizverlauf- und der Brennverlaufsrechnung. Daher eignet sich die Brenndauer $\varphi_{10\text{-}50\%}$ als charakteristische Kenngröße zur Beurteilung der Brenndauer.

Klopferkennung

Die zuverlässigste Methode klopfende Arbeitsspiele zu identifizieren, besteht in der Auswertung des Zylinderdrucksignals, Abb. 26. Hierfür wird im klopfrelevanten Kurbelwinkelbereich das Drucksignal hochpassgefiltert. Anschließend wird für jedes Arbeitsspiel die Amplitude der Schwingung analysiert [88].

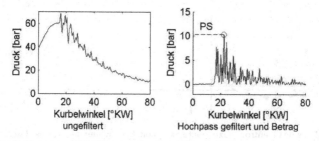

Abb. 26: Klopferkennung mittels Filterung des Drucksignals [62]

Der so ermittelte Scheitelwert der Druckamplitude (PS) spiegelt die Intensität der klopfenden Verbrennung wider. Bei Überschreitung eines definierten PS-Schwellenwertes wird ein klopfendes Arbeitsspiel detektiert. Klopfen ist ein stochastischer Vorgang, das heißt, trotz konstanter Motorbetriebsparameter kommt es zu

---

[10] Analoge Untersuchungen für andere Betriebspunkte (n=2000min^{-1}, p$_{mi}$=18bar; n=4000min^{-1}, p$_{mi}$=20bar; n=5000min^{-1}, p$_{mi}$=2,6,18bar) zeigen qualitativ gleiche Ergebnisse.

unterschiedlichen Klopfamplituden [Fis03]. Daher bedarf es bei der Definition der Klopfgrenze statistischer Größen, wie die relative Häufigkeit oder Verteilungsfunktionen.

Definition der Klopfgrenze

Bei den Motorversuchen in dieser Arbeit erfolgte die Identifikation klopfender Arbeitsspiele mittels des Klopferkennungssystems KIS 4 (Knock Indication System) der Firma IAV, das nach der zu Abb. 26 geschilderten Methode arbeitet. Diese Klopferkennung wurde für jeden Zylinder separat durchgeführt. Die untere Grenzfrequenz für den auf das jeweilige Zylinderdrucksignal angewendeten Hochpass-Filter betrug 5kHz.

Die Klopfgrenze wird im Allgemeinen durch folgende Kriterien definiert:

- Druckamplitude, deren Überschreitung ein klopfendes Arbeitsspiel auslöst.
- Relative Häufigkeit bzw. Frequenz, mit der klopfende Arbeitsspiele erkannt werden.

Um die zulässige Druckamplitude für den Versuchsträger sinnvoll festlegen zu können, wurden zunächst die im Seriensteuergerät definierte Volllastlinie des Versuchsträgers abgefahren und die Betriebspunkte jeweils hinsichtlich *Klopfen* analysiert. Die Auswertung ergab, dass die Druckamplitude bzw. Klopfschwelle in der Serienapplikation linear abhängig von der Drehzahl ist, Abb. 27.

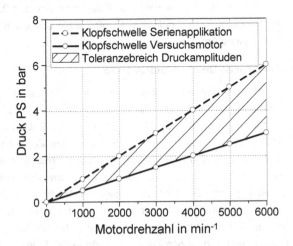

Abb. 27: Definition der Klopfschwelle und Bereich der tolerierten Druckamplituden für die Untersuchungen in dieser Arbeit

Die relative Häufigkeit, mit der klopfende Arbeitsspiele toleriert werden, liegt bei 2%. In der Serienapplikation verfügt der Versuchsträger über eine aktive Klopfregelung. Diese reagiert auf ein erkanntes klopfendes Arbeitsspiel mit einer sofortigen Spätverstellung des Zündzeitpunkts des betreffenden Zylinders. Dieser Eingriff führt dazu, dass die Zündzeitpunkte und somit die Verbrennungsschwerpunkte zwischen den Zylindern sich an der Klopfgrenze relativ stark unterscheiden können.

Für reproduzierbare Bedingungen und die Möglichkeit, die Brennverläufe eines nominell gleichen Betriebspunktes, die jedoch bei unterschiedlichen Ladelufttemperaturen bestimmt wurden, vergleichen zu können, soll bei den Untersuchungen in dieser Arbeit der Verbrennungsschwerpunkt für alle Zylinder gleich sein. Daher kann keine aktive Klopfregelung mit automatischer Zündzeitpunkt-Verstellung angewendet werden. Der einzustellende Verbrennungsschwerpunkt wird deshalb von demjenigen Zylinder vorgegeben, der als Erster die Klopfgrenze erreicht.

Um über ausreichend viele Betriebsstunden Motorversuche an der Klopfgrenze zu ermöglichen, wird die Klopfschwelle etwas niedriger als in der Serienapplikation gesetzt, Abb. 27. Die relative Häufigkeit klopfender Arbeitsspiele wird analog zur Serienapplikation mit 2% festgelegt. Weiterhin ist es für die Vergleichbarkeit der Ergebnisse wichtig, dass bei fehlender Klopfregelung die jeweilige Höhe der Druckamplituden an der Klopfgrenze reproduzierbar ist. Daher ist es notwendig, dass sich die Druckamplituden im Versuch innerhalb eines bestimmten Toleranzbereiches befinden. Der für diese Motorversuche definierte Toleranzbereich der Druckamplituden wird eingeschlossen durch die definierte Klopfschwelle und die Klopfschwelle der Serienapplikation, siehe Abb. 27.

4.2.3 Thermodynamische Druckverlaufsanalyse

Die thermodynamische Druckverlaufsanalyse (TDA) der am Prüfstand vermessenen Betriebspunkte wurde mit dem Programm *GT-Power* (Version 7.3 Build 4) der Firma Gamma Technologies durchgeführt. *GT-Power* berechnet die Zustandsgrößen des Arbeitsgases in den Gaswechselleitungen eindimensional. Die Zustandsgrößen des Arbeitsgases im Zylinder werden nulldimensional, aber in zwei thermodynamisch voneinander getrennten Zonen berechnet, der Zone des unverbrannten Kraftstoff-Luft-Gemisches und der Zone des Verbrennungsgases. Mit Fortschreiten der Verbrennung nimmt die „unverbrannte" Zone immer weiter ab und in entsprechendem Maße die „verbrannte" Zone zu, bis ab Verbrennungsende bis zum Beginn der Zylinder-Einlassphase nur noch eine einzige Zone, die „verbrannte" Zone existiert.

Da es sich bei diesem Programm um eine kommerzielle Software handelt, die eine breite Akzeptanz in der Praxis genießt, seien hier nur die für die Anwendung in dieser Arbeit spezifischen Einstellungen kurz genannt:

- Die Modellierung des Wandwärmeübergangs wird nach dem Ansatz von Woschni [126] berechnet. Die brennraumbegrenzenden Wände werden jeweils als Wärmesenke mit einer konstanten Oberflächentemperatur betrachtet: $T_{Kolben} = T_{Zylinderkopf} = 550K$ und $T_{Laufbuchse} = 500K$

- Es wird ein expliziter numerischer Löser nach dem Runge-Kutta-Verfahren für die Berechnung der Differentialgleichungen ausgewählt.

Die thermodynamische Druckverlaufsanalyse wurde jeweils für jeden der vier Zylinder durchgeführt, aber auch für einen über alle vier Zylinder gemittelten Zylinderdruckverlauf. Wichtige Resultate, die in dieser Arbeit verwendet wurden, sind:

- Brennverlauf und dessen Kenngrößen
- Temperatur in der verbrannten (T_{Zmax}) und in der unverbrannten Zone
- Wandwärmeverluste
- Restgasanteil im Zylinder nach dem Ladungswechsel

Die in dieser Arbeit genutzten Ergebnisse hinsichtlich der Kenngrößen des Brennverlaufs, der Zylinderspitzentemperatur und des Wandwärmeverlusts stammen aus der TDA des „gemittelten Zylinders". Die TDA liefert zudem den Restgasgehalt des betrachteten Zylinders, wofür die Eingabe der Druckverläufe vor Einlass und nach Auslass erforderlich ist. Da diese Ladungswechsel-Druckverläufe sich von Zylinder zu Zylinder des Versuchsmotors nur geringfügig unterscheiden, werden sie nur an einem Zylinder indiziert und der TDA dieses Zylinders vorgegeben.

5 Sensitivitätsanalyse von Einflussgrößen auf den Motorbetrieb

In diesem Kapitel wird für die Ladelufttemperatur, im Vergleich zu anderen Betriebsparametern, der Einfluss auf den Brennverlauf und andere Motorbetriebsgrößen mithilfe einer Sensitivitätsanalyse bestimmt. Eine Sensitivitätsanalyse beschreibt Einflussrichtung und -stärke des jeweiligen Betriebsparameters auf Brennverlauf und Kenngrößen des Motorbetriebs. Die dafür notwendigen Versuche werden am Motorenprüfstand gemäß der statistischen Versuchsplanung [100] anhand eines teilfaktoriellen Versuchsplans[11] durchgeführt, Abb. 28 rechts. Zunächst sind Betriebsparameter zu definieren, die unabhängige Variablen (Variationsparameter) darstellen. Es wurden Betriebsparameter gewählt, die einen Betriebspunkt wesentlich charakterisieren (Abb. 28 links). Der Restgasgehalt stellt insofern keine unabhängige Variable dar, da er nicht direkt eingestellt werden kann, er ist ein Ergebnis des Ladungswechsels. Um den Einfluss des Restgasgehalts dennoch analysieren zu können, wurden Versuche durchgeführt, bei denen durch Phasenverstellung der Einlassnockenwelle der Kurbelwinkelbereich der Ventilüberschneidung variiert wurde. Dadurch konnte der Restgasanteil in gewissen Grenzen variiert werden.

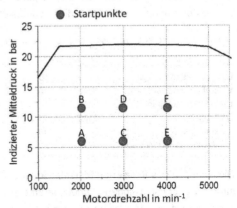

Variationsparameter

- Luftmassenstrom $\dot{m}_l$=25-300kg/h
- Drehzahl n=1500-5000min^{-1}
- Lambda λ=0.75-1.4
- Zündzeitpunkt ZZP=0-40°KW v. ZOT
- Restgasgehalt X_{RG}=4-24%
- Ladelufttemperatur T_{nDK}=0-80°C

Abb. 28: Variationsparameter (links) und Verteilung Startpunkte des teilfaktoriellen Versuchsplans im Motorkennfeld (rechts)

Die Startpunkte innerhalb dieses Versuchsplans wurden derart ausgewählt, Tab. 6, dass es eine große Überdeckung des Variationsparameterraums gibt und der Bereich des Motorkennfeldes im Experiment möglichst großflächig abgedeckt ist. Ausgehend von dem jeweiligen Startpunkt, wurde je Versuchsreihe jeweils nur ein Parameter variiert, die übrigen Parameter wurden in ihrer Grundeinstellung konstant

---

[11] Ein vollfaktorieller Versuchsplan – Kombination sämtlicher Variationsparameter – ist aufgrund der Motorbetriebsgrenzen nicht möglich.

belassen. Diese sogenannte OFAT-Methode (One factor at a time) bietet die Möglichkeit den Einfluss des jeweiligen Betriebsparameters auf die Ausgangsgrößen isoliert zu betrachten [77] und anschaulich darzustellen. Der Mehraufwand aus Durchführung des teilfaktoriellen Versuchsplans ist gerechtfertigt, da dadurch auch Wechselwirkungen zwischen den Variationsparametern erfasst werden können.

Tab. 6: Spezifikation der Startpunkte für die Sensitivitätsanalyse

Startpunkte	A	B	C	D	E	F
Drehzahl in min^{-1}	2000	2000	3000	3000	4000	4000
Indizierter Mitteldruck in bar	6.2	13.3	6.3	12.9	6.1	12.7
Luftmassenstrom in kg/h	50	100	75	150	100	200
Luftaufwand (λ_a)	0.5	1.0	0.5	1.0	0.5	1.0
Luftverhältnis (λ)	1.0	1.0	1.0	1.0	1,0	1.0
Zündzeitpunkt in °KW v. ZOT	16.5	8.0	21.0	8.0	20.5	9.2
Ventilüberschneidung	min	min	min	min	min	min
Ladelufttemperatur in °C	30	30	30	30	30	30

Im Folgenden werden die Ergebnisse der Sensitivitätsanalyse anhand des *Startpunktes E* vorgestellt[12]. Lassen sich grundlegende Aussagen nicht auf die anderen Startpunkte übertragen, werden auch diese dargestellt.

Tab. 7: Parametervariation ausgehend vom Startpunkt E

Startpunkt E	(1)	(2)	(3)	(4)	(5)	(6)
Luftmassenstrom in kg/h	var	100	100	100	100	100
Ventilüberschneidung $\triangleq X_{RG}$	min	var	min	min	min	min
Ladelufttemperatur in °C	30	30	var	30	30	30
Drehzahl in min^{-1}	4000	4000	4000	var	4000	4000
Luftverhältnis (λ)	1.0	1.0	1.0	1.0	var	1.0
Zündzeitpunkt in °KW v. ZOT	20.5	20.5	20.5	20.5	20.5	var

Die Variation des indizierten Mitteldrucks erfolgt über die Änderung des Luftmassenstroms bei sonst gleichen Betriebsparametern. Der Versuch 2, Tab. 7, weist eine Besonderheit auf. Um einen möglichst hohen Restgasanteil realisieren zu können, wurde bei diesem Versuch eine Blende in den Abgastrakt eingesetzt. Der Start-Betriebspunkt wurde ansonsten analog zu den übrigen Versuchsreihen angefahren. Die erhöhte Ausschiebearbeit durch die Blende ist durch das niedrigere Niveau des indizierten Mitteldrucks (über das gesamte Arbeitsspiel gerechnet) zu erkennen, siehe Abb. 29 Versuch 2.

---

[12] Für die Ergebnisse der Sensitivitätsanalyse der übrigen Startpunkte sei auf den Anhang verwiesen.

5.1 Brennverlauf

Um den Einfluss der Betriebsparameter auf den Brennverlauf differenziert zu betrachten, wird dieser in die Phasen Brennverzug, Hauptverbrennung und Brennende gegliedert.

Brennverzug

Als Brennverzug wird in dieser Arbeit die in Kurbelwinkel gemessene Dauer zwischen dem Zündzeitpunkt und dem 2%-Umsatzpunkt ($\varphi_{2\%}$) bezeichnet.

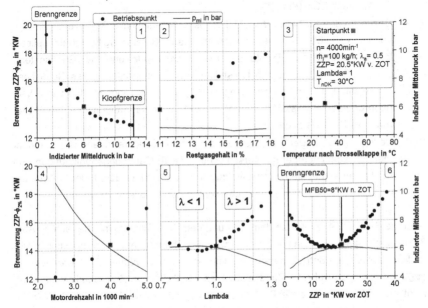

Abb. 29: Einfluss der Betriebsparameter auf den Brennverzug ZZP-$\varphi_{2\%}$ und p_{mi}

Der Brennverzug (Abb. 29) zeigt folgende Abhängigkeiten von den Betriebsparametern:

- Der *indizierte Mitteldruck* (bzw. Luftmassenstrom) hat den stärksten Einfluss auf den Brennverzug. Insbesondere hin zu niedrigen Lasten verlängert die geringer werdende Gemischdichte maßgeblich den Brennverzug bis hin zur Brenngrenze.

- Zunehmender *Restgasgehalt* hemmt die Radikalbildung. Dadurch nimmt die Flammenfortpflanzungsgeschwindigkeit ab und der Brennverzug erhöht sich.

- Wird bei konstantem Luftmassenstrom die *Drehzahl* variiert, verändert sich die Zylinderfüllung. Folglich ist in der Drehzahlvariation der Lasteinfluss aus

Versuch (1) implizit enthalten. Dennoch ist der Drehzahleinfluss zu erkennen. Wird ausgehend vom Startpunkt n=4000min^{-1} die Drehzahl auf n=5000min^{-1} erhöht, entspricht dies einer Füllungsabnahme um 20% und einer p_{mi}-Verringerung um 4.5bar. Der Brennverzug verlängert sich um ca. 3°KW. Im Vergleich dazu verlängert sich der Brennverzug bei gleicher Lastabnahme in Versuch 1 lediglich um ca. 1°KW.

- Der geringste Brennverzug ergibt sich im *Zündzeitpunkt*-Bereich 15-21°KW vor ZOT. Dies entspricht einer Schwerpunktlage der Verbrennung von 8-14°KW nach ZOT (Abb. 33).

- Bezüglich des *Luftverhältnis*-Einflusses ist ein minimaler Brennverzug im Bereich von λ=0.85-0.9 zu beobachten. In diesem Bereich ergibt sich die optimale Konstellation aus Dichte der Kraftstoffmoleküle und der Gemischtemperatur. Dennoch lässt sich feststellen, dass eine Anfettung des Gemisches sich nicht signifikant auf den Brennverzug auswirkt. Hingegen führt eine Verringerung der Kraftstoffkonzentration (λ>1) zu einer wesentlichen Verlängerung des Brennverzuges.

- Bezüglich der *Ladelufttemperatur* zeigt sich ein klarer Trend: Eine abnehmende Ladelufttemperatur verschlechtert die Entflammungsbedingungen und führt zu einem längeren Brennverzug. Im Vergleich zu den anderen Betriebsparametern ist der Einfluss der Ladelufttemperatur allerdings gering.

Wird die Brenndauer zwischen dem 2%- und dem 5%-Umsatzpunkt betrachtet, Abb. 30, lässt sich kein signifikanter Einfluss der Ladelufttemperatur mehr feststellen. Der Einfluss der übrigen Betriebsparameter nimmt deutlich ab. Während der Brennverzug ($\varphi_{ZZP-2\%}$) bei noch früheren Zündzeitpunkten als 20°KW v. ZOT deutlich zunimmt, zeigt die sich anschließende Brenndauer $\phi_{2-5\%}$ nicht diese Abhängigkeit (Abb. 30 Versuch 6). Dies lässt die Schlussfolgerung zu, dass bei Erreichen des 2%-Umsatzpunkts noch während des Verdichtungshubs die Entwicklung der weiteren Brenndauer nicht mehr vom Zündzeitpunkt abhängig ist.

Die Analyse der Brenndauer zwischen dem 5%- und 10%-Umsatzpunkt (Abb. 31) lässt folgenden Schluss zu: Die Ladelufttemperatur hat auf diesen Teilabschnitt des Brennverlaufs nur eine sehr schwache Auswirkung. Die Last hat, abgesehen von sehr niedrigen p_{mi}-Werten, nur noch einen geringen Einfluss auf diesen Bereich des Brennverlaufs. Steigender Restgasgehalt, relativ späte Zündzeitpunkte und Lambda>1 zeigen weiterhin einen signifikanten Einfluss auf diesen Teil der Verbrennung.

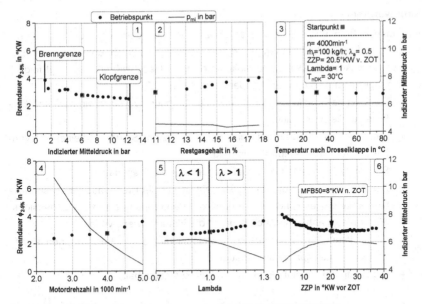

Abb. 30: Sensitivität von Brenndauer $\phi_{2\text{-}5\%}$ und p_{mi} auf die Betriebsparameter

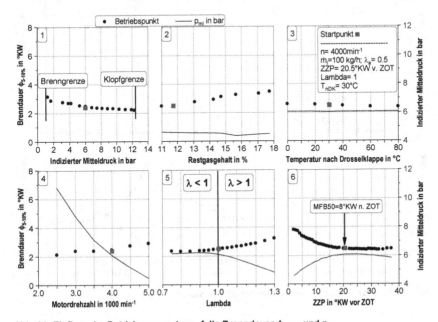

Abb. 31: Einfluss der Betriebsparameter auf die Brenndauer $\phi_{5\text{-}10\%}$ und p_{mi}

Hauptverbrennung

Als Hauptverbrennung wird die Brennphase zwischen dem 10%- und dem 90%-Umsatzpunkt betrachtet. Innerhalb dieser Phase liegt auch der Verbrennungsschwerpunkt, Abb. 33. Der Kurbelwinkelbereich der Hauptverbrennung zeigt folgende Abhängigkeiten von den Betriebsparametern, Abb. 32:

- Die Last bzw. Füllung hat nur nahe der Brenngrenze einen signifikanten Einfluss auf die Brenndauer.

- Die Ladelufttemperatur hat zumindest bei diesem Startpunkt keinen relevanten Effekt auf die Hauptverbrennung.

- Steigende Drehzahlen verlängern tendenziell die Brenndauer.

- Der Zündzeitpunkt hat den größten Effekt auf die Brenndauer, insbesondere bei relativ später Zündung, da dann die Verbrennung bis in die Expansionsphase hinein anhält und sich dadurch die Flammenwege verlängern.

- Das Luftverhältnis zeigt nur im überstöchiometrischen Bereich einen signifikanten Einfluss auf die Brenndauer.

- Die Brenndauer steigt monoton mit dem Restgasgehalt.

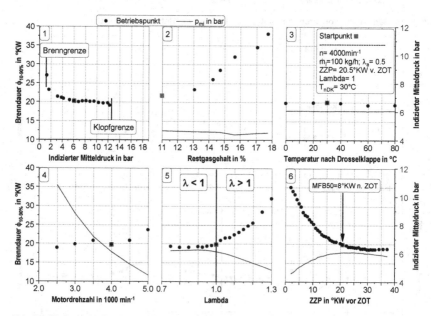

Abb. 32: Einfluss der Betriebsparameter auf die Brenndauer $\phi_{10\text{-}90\%}$ und p_{mi}

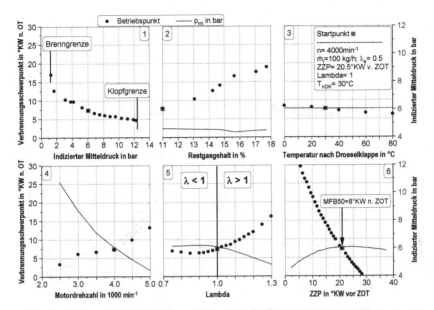

Abb. 33: Beeinflussung des Verbrennungsschwerpunkts durch die Betriebsparameter

Verbrennungsende

Das genaue Verbrennungsende lässt sich mit der thermodynamischen Druckverlaufsanalyse, aufgrund der begrenzten Messgenauigkeit des Zylinderdrucksignals, nur schwierig berechnen. Daher wird meist und auch in dieser Arbeit ein bestimmter Umsatzpunkt als Verbrennungsende definiert. Aus Abb. 34 ist zu entnehmen, dass die Umsatzraten 98% und 99% bereits keine genügende Stabilität mehr besitzen, als dass man sie als Vergleichsgröße verwenden könnte. Daher wird nachfolgend der 95%-Umsatzpunkt jeweils als Brennende definiert.

Die Ladelufttemperatur zeigt relativ zu den anderen in Abb. 34 betrachteten Betriebsparametern einen schwachen Einfluss auf das Brennende. Der jeweilige Einfluss der übrigen Betriebsparameter verhält sich erwartungsgemäß analog ihrem Einfluss auf die Hauptverbrennung. Im Versuch 1 in Abb. 34 zeigt sich an der Klopfgrenze ein besonderes Verhalten: Alle Umsatzpunkte von 90%-99% verschieben sich in Richtung früh. Daraus lässt sich schließen, dass eine (leicht) klopfende Verbrennung tendenziell ein rasches Erreichen des Verbrennungsendes unterstützt.

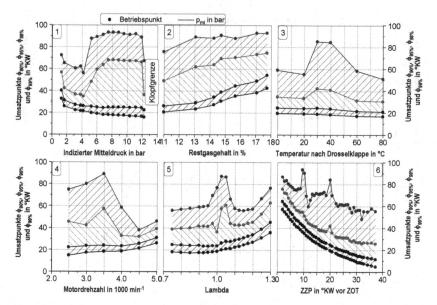

Abb. 34: Detektion und Einfluss der Betriebsparameter auf das Brennende

5.2 Wandwärmeverluste

Die im Kraftstoff chemisch gebundene Energie verlässt das System „Brennraum" in Form von mechanischer Arbeit und als Wärmeverluste. Diese gliedern sich in Abgasenthalpie und Verlust infolge von Wärmeübergang vom Arbeitsgas an die brennraumbegrenzenden Wände. Die nachfolgend diskutierten Wandwärmeverluste stammen nicht aus direkten Messungen am Motorprüfstand, sondern sind ein Ergebnis der thermodynamischen Druckverlaufsanalyse.

Sowohl der zeitliche Verlauf als auch der Integralwert des Wandwärmeübergangs, jeweils über das Arbeitsspiel betrachtet, beeinflussen maßgeblich die Kenngrößen des Motorbetriebs, Abb. 35:

- Bei konstanter Drehzahl und steigendem indizierten Mitteldruck (Versuch 1) nehmen die Wandwärmeverluste ab. Aufgrund sich kaum ändernder Bedingungen für den Wärmedurchgang aus dem Arbeitsgas in das Kühlmittel und gleichbleibender Zylindergeometrie (O/V=konst.) nehmen bei zunehmender Füllung bzw. umsetzbarer Verbrennungsenergie des Arbeitsgases die Wandwärmeverluste im Verhältnis zur Verbrennungsenergie ab. Der Zylinder wird sozusagen wärmedichter, die prozentualen Wandwärmeverluste je Arbeitsspiel nehmen ab und der indizierte Wirkungsgrad steigt (s. Abb. 36).

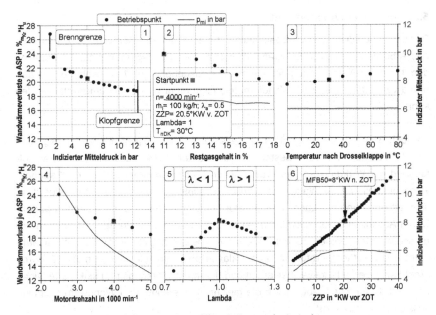

Abb. 35: Einfluss der Betriebsparameter auf Wandwärmeverluste und p_{mi}

- Bei konstanter umsetzbarer Verbrennungsenergie im Zylinder je Arbeitsspiel ($\dot{m}_l$, λ=konst.) und steigender Drehzahl (Versuch 2) sinken die Wandwärmeverluste aufgrund abnehmender Zeitdauer für den Wärmeübergang, wenngleich der (konvektive) Wärmeübergangskoeffizient mit der Drehzahl steigt!

- Bei konstanter umsetzbarer Verbrennungsenergie im Zylinder je Arbeitsspiel und zunehmendem Restgasanteil erhöhen sich die relative und die absolute Wärmekapazität des Arbeitsgases. Dadurch sinken das Temperaturniveau des Arbeitsgases und die treibende Temperaturdifferenz während der Hochdruckphase, wodurch die Wandwärmeverluste abnehmen.

- Weicht das Luftverhältnis von λ=1 ab, sinken die Wandwärmeverluste. Hin zu fettem Gemisch sinkt aufgrund der Innenkühlung die treibende Temperaturdifferenz. Wird das Gemisch abgemagert, ändert sich das Verhältnis von Wärmekapazität und Last bzw. umsetzbarer Verbrennungsenergie zugunsten der Wärmekapazität, wodurch das Temperaturniveau im Arbeitsgas abnimmt.

- Die Wandwärmeverluste steigen nahezu linear mit der Frühverstellung des Zündzeitpunktes an. Dies liegt an der Verschiebung der Wärmefreisetzung in die Kompressionsphase, wodurch das Temperaturniveau im Zylinder steigt.

- Eine sinkende Ladelufttemperatur senkt unmittelbar das Temperaturniveau im Arbeitsgas, was sich als Rückgang der Wandwärmeverluste auswirkt.

5.3   Indizierter Wirkungsgrad

Der indizierte Wirkungsgrad beschreibt das Verhältnis von indizierter Arbeit zu über das Arbeitsspiel zugeführter Kraftstoffenergie. Erwartungsgemäß sinkt er linear mit dem Grad der Anreicherung des Gemisches ausgehend von λ=1, (Abb. 36), da aufgrund von Luftmangel die Kraftstoffenergie nicht mehr vollständig umgesetzt werden kann.

Versuch 3 in Abb. 36 zeigt deutlich, dass keine Abhängigkeit des Wirkungsgrades von der Ladelufttemperatur besteht. Bei konstantem Umsetzungsgrad des Kraftstoffes wird der Wirkungsgrad im Wesentlichen durch den Brennverlauf, die Ladungswechselarbeit und die Wandwärmeverluste bestimmt. Es wurde bereits gezeigt, dass sich mit Änderung der Ladelufttemperatur der Brennverlauf nur unwesentlich ändert. Durch Absenken der Ladelufttemperatur erhöht sich die Dichte der Luft, was im gedrosselten Motorbetrieb bedeutet, dass für konstanten Luftmassenstrom mit abnehmender Ladelufttemperatur die Drosselklappe enger gestellt werden muss. Dadurch erhöht sich die Ladungswechselarbeit und der innere Wirkungsgrad sinkt. Offensichtlich wird dieser Effekt aber durch die gleichzeitig verminderten Wandwärmeverluste vollständig kompensiert.

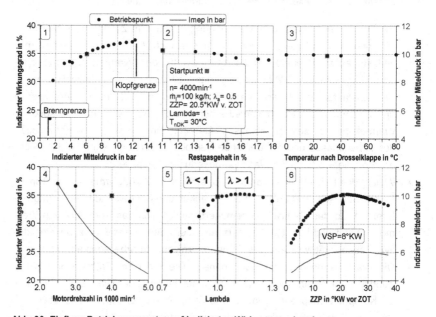

Abb. 36: Einfluss Betriebsparameter auf indizierten Wirkungsgrad und p_{mi}

- Steigende Last, also eine höhere umsetzbare Verbrennungsenergie des Gemisches, begünstigt den Wirkungsgrad aufgrund von geringeren Verlusten wegen des konstanten O/V-Verhältnisses des Brennraums.

- Der Restgasgehalt hat insgesamt einen geringen Einfluss auf den indizierten Wirkungsgrad. Verantwortlich dafür sind zwei entgegengesetzt wirkende Effekte. Bei konstantem Luftmassenstrom bewirkt ein höherer Restgasgehalt eine Zunahme der Gesamtfüllung. Dadurch steigt die absolute Wärmekapazität des Arbeitsgases und die Wandwärmeverluste nehmen ab (s. Abb. 35). Dagegen verursacht steigender Restgasgehalt eine längere Brenndauer (s. Abb. 32), wodurch der indizierte Wirkungsgrad leicht sinkt.

- Eine Veränderung des Zündzeitpunkts führt in erster Näherung zu einer entsprechenden Verschiebung des Brennverlaufs. Ausgehend vom optimalen Zündzeitpunkt fällt bei einer Verschiebung des Zündzeitpunkts der innere Wirkungsgrad zu beiden Seiten ab. Wird der Brennverlauf weit in die Expansion hinein verschoben, verstärkt sich der Wirkungsgradabfall, da die Verbrennung auf geringerem Druckniveau stattfindet.

5.4 Maximaler Zylinderdruck

Der während des Arbeitsspiels maximale Zylinderdruck p_{Zmax} ist vornehmlich abhängig von dem Energiegehalt und dem Druck der Zylinderladung am Ende des Ladungswechsels sowie vom Brennverlauf, Abb. 37:

- Die Dichteerhöhung der Ladeluft durch das Absenken der Ladelufttemperatur verringert den für eine konstante Zylinderfüllung benötigten Ladedruck und damit auch den Zylinderdruck zu Verdichtungsbeginn und führt schließlich, bei sonst gleichen Bedingungen, auch zu einem niedrigeren max. Zylinderdruck. Der Effekt ist insgesamt jedoch nicht besonders stark.

- Grundsätzlich sinkt der max. Zylinderdruck mit abnehmendem Gemischheizwert (λ>1) bzw. umsetzbarer Verbrennungsenergie der Zylinderladung. Der Anstieg des max. Zylinderdrucks bei Gemischanfettung auf λ<1 ist auf die Verkürzung des Brennverzuges zurückzuführen (s. Abb. 29). Dies bewirkt auch eine Verschiebung des Verbrennungsschwerpunkts in Richtung ZOT (s. Abb. 33), wodurch der max. Zylinderdruck zunimmt. Bei noch stärkerer Gemischanfettung (λ<0,85) verlängert sich wiederum der Brennverzug, wodurch der max. Zylinderdruck wieder abnimmt.

- Mit dem Zündzeitpunkt verschiebt sich auch der Brennbeginn. Im abgebildeten Kurbelwinkelbereich führt eine frühere Zündung zur Steigerung des max. Zylinderdrucks.

- Durch eine Zunahme des Restgasgehalts erhöht sich die absolute Wärmekapazität des Gemisches, wodurch die Wärmefreisetzung während der Verbrennung zu kleineren Werten für max. Zylinderdruck und Zylinderspitzentempera-
  Zylinderspitzentemperatur (s. Abb. 39) führt. Verstärkt wird dieser Effekt durch
  die Zunahme der Brenndauer bei steigendem Restgasanteil (s. Abb. 32).

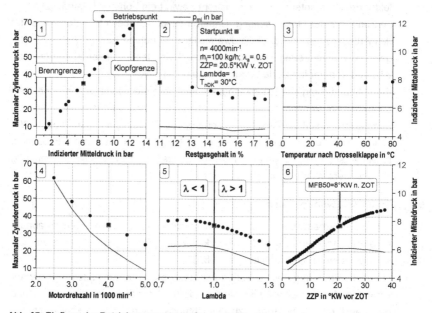

Abb. 37: Einfluss der Betriebsparameter auf p_{Zmax} und p_{mi}

Der Variationskoeffizient des max. Zylinderdrucks zeigt bei schrittweise verringerter
Ladelufttemperatur eine leicht steigende Tendenz, die allerdings relativ schwach ist
im Vergleich zu den anderen Parametern, Abb. 38. Dies deutet darauf hin, dass die
Ladelufttemperaturabsenkung zu einer geringfügig schlechteren Homogenisierung
des Kraftstoff-Luftgemischs führt.

Der Variationskoeffizient ist auch ein guter Indikator für die zyklischen Schwankungen. Die zyklischen Schwankungen nehmen bei niedrigen Lasten bzw. geringer
umsetzbarer Verbrennungsenergie zu (Versuch 1 und 4 in Abb. 38). Höherer Restgasgehalt und zunehmende Verlagerung der Verbrennung in die Expansion erhöhen
den Variationskoeffizienten. Bei leicht unterstöchiometrischem Luftverhältnis sind die
Voraussetzungen für die Entflammung am günstigsten, sodass der Variationskoeffizient des max. Zylinderdrucks sich analog zum Brennverzug (s. Abb. 29) verhält.

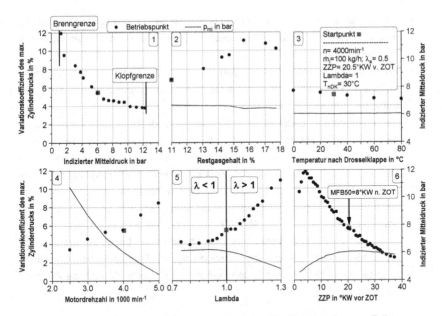

Abb. 38: Einfluss der Betriebsparameter auf den Variationskoeffizienten des max. Zylinderdrucks und den indizierten Mitteldruck

5.5 Zylinderspitzentemperatur

Die Zylinderspitzentemperatur ist keine direkte Messgröße am Motorprüfstand. Sie ist ein Ergebnis der thermodynamischen Druckverlaufsanalyse und beziffert die maximal auftretende Temperatur in der Verbrennungszone des Arbeitsgases[13]. Sie ist von der absolut freigesetzten Verbrennungswärme, dem Brennverlauf und den Wärmeverlusten abhängig.

Insbesondere der schon diskutierte Einfluss der Betriebsparameter auf den Brennverlauf spiegelt sich auch direkt in der Zylinderspitzentemperatur wider, Abb. 39:

- Abnehmende Last führt zu einer sinkenden Zylinderspitzentemperatur (Versuch 1 und 4).
- Bei konstantem Luftmassenstrom führt eine Restgaszunahme zu einer Erhöhung der spezifischen und absoluten Wärmekapazität. Folglich sinkt die Zylinderspitzentemperatur.

---

[13] Die hier angewendete thermodynamische Druckverlaufsanalyse der Software *GT-Power* basiert auf einem Zweizonen-Modell für die Berechnung der Zustandsgrößen des Arbeitsgases im Zylinder. Die hier genannte Zylinderspitzentemperatur entspricht der maximal auftretenden Arbeitsgastemperatur in der verbrannten Zone.

- Eine deutliche Abweichung vom stöchiometrischen Luftverhältnis führt auf der mageren Seite zu sinkendem Gemischheizwert und auf der fetten Seite zur Zunahme der Innenkühlung.

- Frühe Zündzeitpunkte verlagern den Brennverlauf teilweise in die Kompressionsphase. Daher nimmt in dem betrachteten Zündzeitpunkt-Bereich die Zylinderspitzentemperatur zu.

- Mit abnehmender Ladelufttemperatur sinkt grundsätzlich das Temperaturniveau des Arbeitsgases im Zylinder, so auch die Zylinderspitzentemperatur. Zusätzlich bewirkt eine Abnahme der Ladelufttemperatur zwei weitere, in die gleiche Richtung wirkende Effekte. Zum einen führt eine Absenkung der Ladelufttemperatur – aufgrund des größeren Brennverzugs (s. Abb. 29) – auch zu einer Verschiebung des Verbrennungsschwerpunkts weg von ZOT, wodurch der max. Zylinderdruck (s. Abb. 37) und die Zylinderspitzentemperatur abnehmen. Des Weiteren verursacht eine Abnahme der Ladelufttemperatur, bei gleich bleibender Füllung, eine Verringerung des Zylinderdrucks zu Verdichtungsbeginn. Dadurch sinkt neben dem max. Zylinderdruck auch die Zylinderspitzentemperatur.

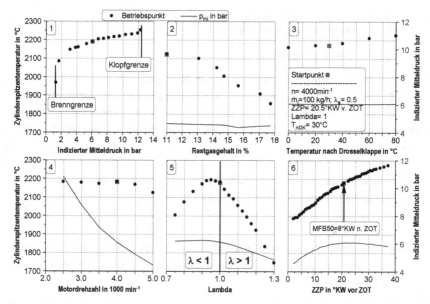

Abb. 39: Einfluss der Betriebsparameter auf Zylinderspitzentemperatur und p_{mi}

5.6 Abgastemperatur vor Turbine

Wie sich die bislang schon betrachteten Betriebsparameter auf die Abgastemperatur vor Turbine auswirken, geht aus Abb. 40 hervor.

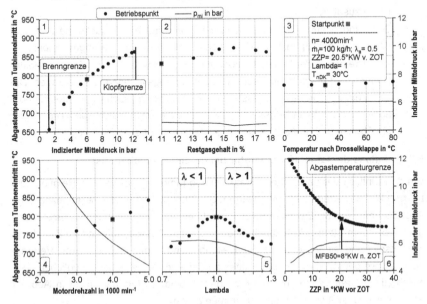

Abb. 40: Einfluss der Betriebsparameter auf die Abgastemperatur vor Turbine und den indizierten Mitteldruck

Die Abgastemperatur vor Turbine stellt eine wichtige Kenngröße zur Beschreibung der thermischen Turbinenbelastung dar. Sie hängt neben der Abgastemperatur am Zylinderaustritt auch von den Wandwärmeverlusten bis zur Turbine ab:

- Versuch 1 zeigt, dass mit abnehmender Last (sinkender Abgas-Enthalpiestrom) bei konstanter Drehzahl grundsätzlich die Abgastemperatur sinkt.
- Bei konstantem Abgas-Enthalpiestrom und steigender Drehzahl erhöht sich die Abgastemperatur aufgrund der geringeren zur Verfügung stehenden Zeit für Wandwärmeverluste infolge der höheren Strömungsgeschwindigkeit.
- Die Erhöhung des Restgasgehalts, Versuch 2, vergrößert den Abgasmassenstrom um den Restgasanteil. Analog zur Zylinderspitzentemperatur erhöht sich dadurch die Wärmekapazität des Arbeitsgases, wodurch eigentlich die Abgastemperatur sinken müsste. Allerdings wird dieser Effekt durch die geringeren Wandwärmeverluste überkompensiert.

- Ausgehend von λ=1 sinkt mit einer Gemischabmagerung die Abgastemperatur infolge der abnehmenden umsetzbaren Verbrennungsenergie, mit einer Gemischanfettung aufgrund der zunehmenden Innenkühlung. Die damit einhergehende Vorverlagerung des Verbrennungsschwerpunktes unterstützt diesen Effekt zusätzlich.

- Der Zündzeitpunkt übt den größten Einfluss auf die Abgastemperatur aus. Wird der Zündzeitpunkt in Richtung spät verlagert, steigt die Abgastemperatur.

- Die Differenz in der Ladelufttemperatur bei schrittweise intensivierter Ladeluftkühlung wird nur sehr abgeschwächt auf die Abgastemperatur übertragen. Die damit einhergehende Verschiebung des Verbrennungsschwerpunktes und die abnehmenden Wandwärmeverluste kompensieren nämlich zum Teil wieder die Abgastemperaturabsenkung aus intensivierter Ladeluftkühlung.

5.7   Einfluss der Ladelufttemperatur bei unterschiedlicher Last

Um den Einfluss der Ladelufttemperatur auf die Motorbetriebswerte in Relation zum Lastzustand bewerten zu können, wurden die Startpunkte E und F herangezogen (s. Abb. 28 und Tab. 6). Der Startpunkt F zeichnet sich in seinen Grundeinstellungen gegenüber dem Startpunkt E durch einen doppelten Gemischaufwand im Zylinder je Arbeitsspiel und einen späteren Zündzeitpunkt und damit auch späteren Verbrennungsschwerpunkt aus. Der Ladelufttemperatureinfluss bei unterschiedlichem Gemischaufwand auf den Brennverlauf zu diesen beiden Startpunkten ist in Abb. 41 dargestellt und lässt sich wie folgt zusammenfassen:

- Der Brennverzug ist grundsätzlich kürzer bei höherer Last. Der absolute und qualitative Einfluss der Ladelufttemperatur ist in beiden Fällen gleich.

- Die Brenndauer zwischen dem 2%- und dem 10%-Umsatzpunkt (s.Abb. 41 b und c) zeigt nur eine sehr schwache Beeinflussung durch die Ladelufttemperatur und ist zudem nicht abhängig von der Last.

- Die Verschiebung des Verbrennungsschwerpunktes resultiert in beiden Fällen maßgeblich aus der Änderung des Brennverzuges.

- Die Dauer der Hauptverbrennung unterscheidet sich signifikant. Während bei geringer Last (Startpunkt E) sich die Brenndauer zwischen den Umsatzpunkten 10% und 90% kaum ändert, führt eine Ladelufttemperaturabsenkung bei höherer Last (Startpunkt F) zu einer signifikanten Verlängerung der Verbrennung (s. Abb. 42 c). Ausgehend vom Verbrennungsschwerpunkt wird zum 10%- und 90%-Umsatzpunkt jeweils der gleiche Betrag an Kraftstoffenergie umgesetzt (Abb. 42 a und b). Die Ladelufttemperatursensitivität der Brenndauer ist allerdings unterschiedlich stark ausgeprägt:

o Zwischen dem 10%- und 50%-Umsatzpunkt nimmt die Brenndauer im betrachteten Temperaturbereich nur um 1°KW zu.

o Bei der Freisetzung des gleichen Energiebetrags zwischen dem 50%- und 90%-Umsatzpunkt verlängert sich die Brenndauer jedoch um 2°KW.

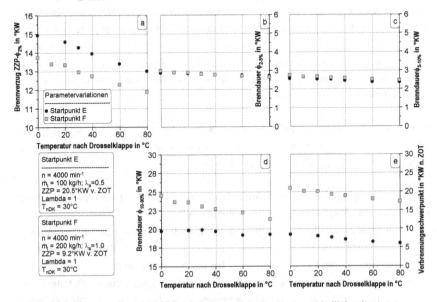

Abb. 41: Ladelufttemperatureinfluss auf den Brennverlauf bei unterschiedlicher Last

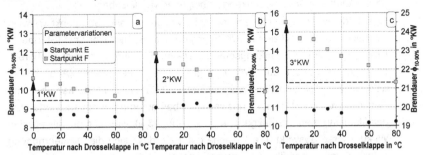

Abb. 42: Einfluss von Ladelufttemperatur und Last auf die Brenndauer $\phi_{10-90\%}$

Bei Erhöhung der Last steigt entsprechend die absolute Wärmekapazität des Arbeitsgases. Setzt man den Wärmeeintrag von den Zylinderwänden in das Arbeitsgas während des Ansaugvorgangs in erster Näherung als konstant an, wird bei höherem Luftaufwand die Temperatur des Arbeitsgases weniger stark ansteigen. Dies führt auch zu einer niedrigeren Temperatur bei Brennbeginn, wodurch sich die laminare Brenngeschwindigkeit verringert. Dies könnte ursächlich für die Erhöhung der Brenndauer sein. Allerdings darf nicht außer Acht gelassen werden, dass durch die Verlängerung des Brennverzugs der Verbrennungsschwerpunkt signifikant in Richtung spät verschoben wird, wodurch sich die thermodynamische Randbedingungen während der Verbrennung, das sogenannte thermodynamische Verbrennungsniveau, maßgeblich ändern können. Aus Abb. 32 und Abb. 33 ist abzulesen, dass die Brenndauer in Abhängigkeit von Zündzeitpunkt bzw. Verbrennungsschwerpunkt entsprechend einem Polynom höherer Ordnung zunimmt. Das heißt, bei relativ späten Zündzeitpunkten kann sich eine Erhöhung des Brennverzuges stärker auf die Verlängerung der Brenndauer auswirken.

Um zu isolieren, welcher Effekt die treibende Kraft für die Verlängerung der Brenndauer ist, bedarf es einer Ladelufttemperaturvariation bei konstantem Verbrennungsschwerpunkt und gleichbleibender Last (s. Abschn. 6.2).

Die Auswirkung der verlängerten Brenndauer bei höherer Last (Startpunkt F) findet sich auch in der Abgastemperatur wieder, siehe Abb. 43:

• Der maximale Zylinderdruck und die Zylinderspitzentemperatur nehmen in beiden Variationen mit sinkender Ladelufttemperatur ab. Aufgrund der längeren Brenndauer fällt dies deutlicher bei der höheren Last aus.

• Die Wandwärmeverluste sind, bezogen auf die eingebrachte Kraftstoffenergie, geringer bei höherer Last. Die Änderung des Wandwärmeverlustes aufgrund der Ladelufttemperaturabsenkung ist hingegen vergleichbar groß.

• Eine Ladelufttemperaturabsenkung bei niedrigerer Last (Startpunkt E) wirkt sich nicht auf den indizierten Wirkungsgrad aus. Bei höherer Last (Startpunkt F) hingegen sinkt der Wirkungsgrad signifikant. Ein Grund dafür ist der bereits beschriebene Effekt auf die Verlängerung der Brenndauer (Abb. 42 c), wodurch der indizierte Wirkungsgrad während der Hochdruckphase abnimmt. Des Weiteren steigt die Ladungswechselarbeit aufgrund der intensivierten Ladeluftkühlung mehr als bei geringer Last (Abb. 43 e), was sich negativ auf den Wirkungsgrad auswirkt. Die Ursache dafür ist, dass sich die Dichteerhöhung aufgrund von Ladeluftkühlung proportional zur Ladungsmasse verhält. Selbst beim höherlastigen Startpunkt F befindet sich der Versuchsträger noch im gedrosselten Betrieb. Daher erhöhen sich bei diesem Startpunkt die Drosselverluste stärker durch die intensivierte Ladeluftkühlung.

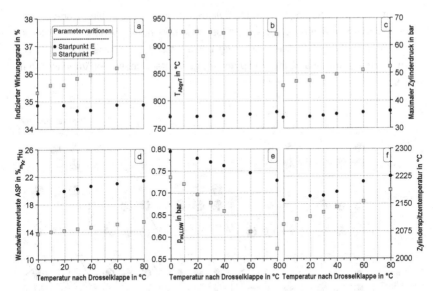

Abb. 43: Ladelufttemperatureinfluss auf den Motorbetrieb bei unterschiedlicher Last

5.8 Zusammenfassung

Es konnte gezeigt werden, dass die Ladelufttemperatur insgesamt einen relativ geringen Einfluss auf den Brennverlauf ausübt. Nur der Brennverzug wird von ihr eindeutig und signifikant beeinflusst. Des Weiteren zeigt die Ladelufttemperatur im untersuchten Last- und Drehzahlbereich in Relation zu den übrigen Betriebsparametern nur einen geringen Einfluss auf die untersuchten Motorbetriebskenngrößen. In Abb. 44 ist das Gesamt-Ergebnis der durchgeführten Sensitivitätsanalyse in einem Portfoliodiagramm dargestellt. Es basiert auf den Resultaten der hier beschriebenen und den weiteren im Anhang aufgeführten Variationsversuchen.

Die Größe des jeweiligen Kreises spiegelt die globale Einflussstärke des betrachteten Betriebsparameters relativ zu den anderen Betriebsparametern wider. Beispielsweise bedeuten die kleinen Kreise im „Kennfeld", das sich in der mittleren Spalte und der letzten Zeile des Portfoliodiagramms befindet, dass die Ladelufttemperatur in Relation zu den anderen Betriebsparametern nur einen sehr kleinen Einfluss auf den max. Zylinderdruck hat. Die Last hingegen (3. Zeile) übt den größten Einfluss auf den max. Zylinderdruck aus, beschrieben durch Kreise mit dem maximalen Durchmesser. Der Schwärzegrad des Kreises entspricht der Einflussstärke (weiß ≙ schwach; schwarz ≙ stark) des jeweiligen Betriebsparameters innerhalb der unterschiedlichen Kennfeldbereiche. Während eine Änderung der Last bei allen Startpunkten zu vergleichbar starken Änderungen im max. Zylinderdruck führt, zeigt eine Änderung der Ladelufttemperatur einen stärkeren Einfluss auf den max. Zylinderdruck bei den Startpunkten B, D und F. Die Bewertung basiert auf der jeweiligen Differenz zwischen minimaler und maximaler Ausprägung, gewichtet anhand der Variationsspanne des jeweiligen Betriebsparameters.

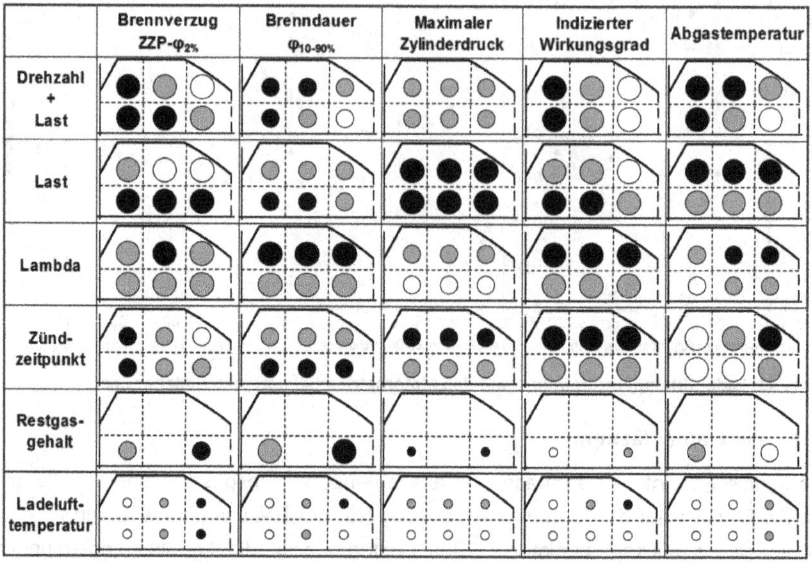

	Brennverzug ZZP-$\varphi_{2\%}$	Brenndauer $\varphi_{10\text{-}90\%}$	Maximaler Zylinderdruck	Indizierter Wirkungsgrad	Abgastemperatur
Drehzahl + Last					
Last					
Lambda					
Zündzeitpunkt					
Restgasgehalt					
Ladelufttemperatur					

Abb. 44: Darstellung der Einflussstärke der Betriebsparameter auf die Motorbetriebskenngrößen

Der Vorteil der Anschaulichkeit, wenn nur ein einzelner Parameter variiert wird, kann aber dazu führen, dass dies implizit die Wirkung eines anderen Parameters verursacht und dadurch sich der ursächliche Betriebsparameter doch nicht eindeutig isoliert betrachten lässt. Zudem führt die Änderung eines Betriebsparameters stets zu einer diskreten kleinen Laständerung, wodurch sich der Betriebspunkt leicht verschiebt. Um den Einfluss der Ladelufttemperatur auf die Verbrennung zu isolieren, würden Versuche benötigt, die bei Änderung der Ladelufttemperatur einen konstanten Verbrennungsschwerpunkt bei gleichbleibender Last beibehalten.

6 Einfluss der Ladelufttemperatur auf die Verbrennung

In diesem Kapitel wird der Einfluss der Ladelufttemperatur auf

- die Abgas-Emissionen und den Motorwirkungsgrad im zertifizierungsrelevanten Kennfeldbereich,
- den Brennverlauf und die Motorbetriebskenngrößen bei konstantem Betriebspunkt,
- und den Motorwirkungsgrad an den Motorbetriebsgrenzen

untersucht.

Da bei den untersuchten Lastpunkten, auch unter ungünstigen realen Umgebungsbedingungen, Ladelufttemperaturen höher als 60°C nicht praxisrelevant sind, wird die obere Ladelufttemperaturgrenze auf T_{nDK}=60°C festgelegt. Abhängig vom Einsatzort des Motors können, z.B. im Winterbetrieb, auch Umgebungstemperaturen von weit unter 0°C auftreten, wodurch auch bei heutigen Serienfahrzeugen Ladelufttemperaturen von T_{nDK}<0°C möglich sind. Für den Motorlauf im realen Fahrzeugeinsatz stellen daher Ladelufttemperaturen von T_{nDK}<0°C keine außergewöhnlichen Betriebsbedingungen dar. Aufgrund der in der Regel geringen absoluten Luftfeuchte bei diesen Betriebsbedingungen und den im Fahrbetrieb auftretenden Ladedrücken besteht auch keine Vereisungsgefahr der Luftstrecke durch aus der Luft im Ladeluftkühler auskondensierendes und gefrierendes Wasser. Für die folgenden Untersuchungen ist neben der absoluten Höhe der Temperatur vor allem eine genügende Spreizung der Ladelufttemperatur erforderlich. Um eine Ladelufttemperaturspreizung von 60K zu erhalten und damit ein Zufrieren des Ladeluftkühlers unter Prüfstandsbedingungen[14] vermieden wird, wird in den folgenden Versuchen eine untere Grenze für die Ladelufttemperatur von T_{nDK}=0°C festgelegt.

6.1 Betriebspunkt n=2000min^{-1} und p_{me}=2bar

Der Neue Europäische Fahrzyklus (NEFZ) ist für die meisten Motor-Fahrzeug-kombinationen ein Zyklus, in dem vornehmlich geringe Motorlasten in Verbindung mit niedrigen Motordrehzahlen gefordert werden. Die wichtigsten Bewertungsgrößen für den NEFZ sind der Motor-Wirkungsgrad bzw. der spez. Kraftstoffverbrauch und die Abgasschadstoffemissionen. Ein solcher für den Fahrzyklus typischer Betriebspunkt ist p_{me}=2bar bei n=2000min^{-1}, Abb. 45. Für diesen Betriebspunkt kann festgehalten werden, dass die Ladelufttemperatur praktisch keinen Einfluss auf die Emissionen,

---

[14] Die dem Motor aus der Prüfstandskabine zugeführte Luft wird auf 25°C und eine relative Feuchte von 40% konditioniert (s. Abschn. 4.1). Im Vergleich zum gewöhnlichen Winterbetrieb liegt daher der Taupunkt bei einer höheren Ladelufttemperatur. Für den Motorbetrieb bei hohen Ladedrücken ist daher mit entsprechendem Wasserausfall zu rechnen.

gemessen sowohl vor als auch nach Katalysator, hat. Die über den untersuchten Ladelufttemperaturbereich nahezu unveränderte Abgastemperatur vor Turbine bestätigt die geringe Wirkung der Ladelufttemperatur auf die Verbrennung in diesem Betriebspunkt. In diesem Betriebspunkt nimmt mit abnehmender Ladelufttemperatur der effektive Wirkungsgrad leicht zu. Die mit intensivierter Ladeluftkühlung zunehmende Ladungswechselarbeit $p_{mi,LDW}$ wird offensichtlich durch die sich gleichzeitig verringernden Wandwärmeverlusten Q_W kompensiert. Auch die zyklischen Schwankungen COV_{pmi} zeigen keine signifikante Beeinflussung durch die Ladelufttemperatur.

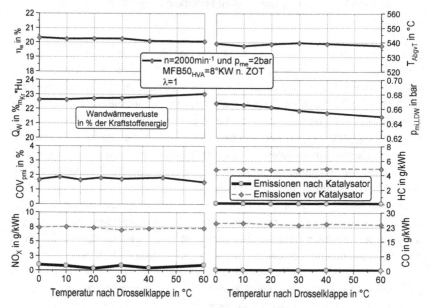

Abb. 45: Einfluss der Ladelufttemperatur auf Wirkungsgrad und Emissionen bei n=2000min⁻¹ und p_me=2bar [56]

Zum Einfluss der Ladelufttemperatur speziell auf die Abgasschadstoffemissionen einschließlich der Partikelemission im gesamten Betriebsbereich des hier betrachteten Versuchsträgers sei auf die Arbeit von Scherer [97] verwiesen.

6.2   Lastschnitte bei p_{mi}=6 und 12 bar

In der Sensitivitätsanalyse wurden beim Variieren eines einzelnen Betriebsparameters die übrigen nicht angepasst. Daher führte z.B. eine Änderung der Ladelufttemperatur gleichzeitig zu einer mehr oder weniger starken Änderung der Last und des Verbrennungsschwerpunkts. Beide Größen üben ihrerseits einen relativ starken Einfluss auf den Brennverlauf und die Motorbetriebskenngrößen aus. Um den Einfluss der Ladelufttemperatur auf den Brennverlauf und die Motorbetriebskenngrößen isoliert betrachten zu können, wurden daher sogenannte Lastschnittversuche durchgeführt. Dabei wurde das Motorkennfeld entlang zweier Lasten (p_{mi}=6 und 12bar) „geschnitten". Die Höhe der oberen Lastlinie wurde derart gewählt, dass sie die Startpunkte B, D und F der Sensitivitätsanalyse repräsentiert. Zudem wird durch diese Lastlinie die Saugvolllast abgebildet. Die Lastlinie p_{mi}=6bar repräsentiert die Startpunkt A, C und E. Beide Lastlinien zeichnen sich dadurch aus, dass über alle untersuchten Drehzahlen der Verbrennungsschwerpunkt konstant gehalten wurde. Dadurch lassen sich Aussagen relativ zur Drehzahl generieren. Bis auf einen einzigen Betriebspunkt[15] wurde stets das stöchiometrische Luftverhältnis gewählt. Der Verbrennungsschwerpunkt der oberen Lastlinie wurde mit MFB50=16°KW derart festgelegt, dass bei niedrigster Drehzahl in Kombination mit höchster Ladelufttemperatur gerade die Klopfgrenze erreicht wird. Ausgehend von diesem Betriebspunkt wird in 10K-Schritten[16] die Ladelufttemperatur gesenkt. Um den Betriebspunkt konstant zu halten, werden der Luftmassenstrom und der Zündzeitpunkt so angepasst, dass die gewünschte Last und der Verbrennungsschwerpunkt eingehalten werden. Der Verbrennungsschwerpunkt wurde am Prüfstand mit der Heizverlaufsanalyse ermittelt. Die Abweichungen in der Lage des Verbrennungsschwerpunkts zwischen Heiz- und Brennverlaufsanalyse sind in Abb. 46 rechts dargestellt. Demnach hat die Ladelufttemperatur offensichtlich keinen signifikanten Einfluss auf diese Differenz. Der indizierte Wirkungsgrad ist bei beiden Lasten über das gesamte Drehzahlband unabhängig von der Ladelufttemperatur, Abb. 46 links.

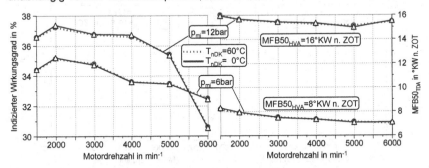

Abb. 46: Einfluss der Ladelufttemperatur auf Wirkungsgrad (links) und Differenz des MFB50 zwischen Heiz- und Brennverlaufsrechnung (rechts) [Kad13]

---

[15] Zur Einhaltung der Abgastemperaturgrenze vor Turbine T_{AbgvT}=950°C wurde beim Betriebspunkt n=6000min^{-1} und p_{mi}=12bar ein Luftverhältnis von λ=0.87 eingestellt.

[16] Aus Gründen der Übersichtlichkeit werden nur die Kennlinien der extremen Temperaturen in den Abbildungen dargestellt.

Die Wandwärmeverluste liegen bei der niedrigeren Ladelufttemperatur über den gesamten Drehzahlbereich und bei beiden betrachteten Lasten auf einem niedrigeren Niveau, Abb. 47. Die zugehörigen Verläufe der Ladungswechselarbeit liegen bei der niedrigeren Ladelufttemperatur, weil aufgrund der höheren Dichte der Ladeluft die Drosselklappe weiter geschlossen werden muss, um die für beide Ladelufttemperaturen gleiche Soll-Zylinderfüllung zu erreichen. Diese gegenläufigen Effekte kompensieren sich insgesamt, sodass sich die intensivierte Ladeluftkühlung auch im gedrosselten Motorbetrieb nicht negativ auf den Motorwirkungsgrad auswirkt. Dies ist eine wichtige Erkenntnis für den dynamischen Motorbetrieb mit seinen häufigen Lastwechseln. Wird bei Volllast z.B. klopfbedingt eine niedrige Ladelufttemperatur gefordert, ist bei spontanem Wechsel von Volllast zu Teillast kein Abfall des Motorwirkungsgrades aufgrund der noch niedrigen Ladelufttemperatur zu erwarten. Diese Erkenntnis würde eine seriennahe Umsetzung einer Ladeluftkühlung mithilfe des Pkw-Klimakompressors (Kap. 1) erleichtern, da dadurch geringere Anforderungen an die Ladelufttemperaturregelung bestehen.

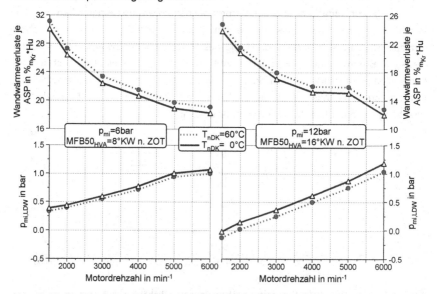

Abb. 47: Einfluss der Ladelufttemperatur auf die Wandwärmeverluste (oben) und die Ladungswechselarbeit (unten)

Der Brennverzug zeigt bei beiden Lasten die zu erwartende Abhängigkeit von der Ladelufttemperatur, Abb. 48, nämlich dass dieser bei geringerer Ladelufttemperatur größer ist. Im Bereich des Brennverzuges wird nur eine geringe Menge an Kraftstoffenergie in Wärme umgesetzt. Daher kann sich die tiefere Ladelufttemperatur

deutlicher auf die Absenkung der laminaren Brenngeschwindigkeit und damit auf die
Verlängerung des Brennverzuges auswirken.

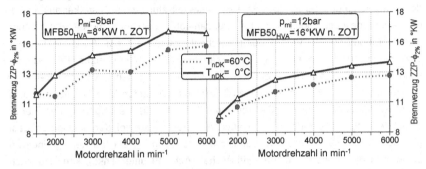

Abb. 48: Einfluss der Ladelufttemperatur auf den Brennverzug

Der Kennfeldschnitt bei p_{mi}=12bar ist aufgrund der höheren Zylinderfüllung und der
dadurch größeren absoluten Wärmekapazität weniger anfällig für Quereinflüsse und
daher in seiner Aussagefähigkeit robuster. Der Einfluss der Ladelufttemperatur korre-
liert tendenziell mit der Drehzahl, er nimmt mit dieser zu. Dies scheint insofern plau-
sibel, als bei niedrigerer Drehzahl mehr Zeit für den Wärmeaustausch mit den
brennraumbegrenzenden Wänden zur Verfügung steht, sodass sich unabhängig von
der Ladelufttemperatur immer eine konstante Gemischtemperatur am Ende des
Verdichtungsprozesses bzw. bis zum Zündzeitpunkt einstellen könnte.

Die Brenndauer (zwischen dem 10%- und 90%-Umsatzpunkt) wird durch die Ladelufttemperatur beeinflusst. Die Wirkungsintensität der Ladelufttemperatur unterscheidet sich allerdings bei den beiden betrachteten Lasten, Abb. 49. Insgesamt
betrachtet, ist der Ladelufttemperatureinfluss bei niedrigerer Last geringer, aber dafür
gleichmäßiger über den Drehzahlbereich. Dies hat zwei wesentliche Gründe:

- Durch die geringere absolute Gemischdichte und dadurch geringere Wärmekapazität wird der Effekt der intensivierten Ladeluftkühlung bis zum Brennbeginn durch Wärmeaustausch mit den brennraumbegrenzenden Wänden zu
  großen Teilen egalisiert.

- Die relativ frühe Zündung des Gemisches[17] bei der niedrigeren Lastlinie führt
  dazu, dass ein größerer Anteil des Kraftstoffs bei kompakterem Brennraumvo-
  lumen umgesetzt wird, wodurch die Flammenwege relativ kurz und dadurch
  die Brenndauern gering sind.

---

[17] Relativ zur höheren Lastlinie liegt der Verbrennungsschwerpunkt um 8°KW früher. Zusätzlich muss
durch die Zündung der längere Brennverzug bei niedriger Last kompensiert werden.

Bei der höheren Lastlinie (p_{mi}=12bar), sie weist einen späteren Verbrennungsschwerpunkt auf, nimmt die Brenndauer, abgesehen vom Wert bei n=6000min^{-1}, mit
der Drehzahl zu und der Einfluss der Ladelufttemperatur wirkt sich stärker aus als bei
der geringeren Last. Diese scheinbar drehzahlabhängige Zunahme der Brenndauer
wird vornehmlich im Verbrennungsabschnitt zwischen dem 50%- und 90%-
Umsatzpunkt (Brenndauer $\varphi_{50\text{-}90\%}$) verursacht, Abb. 49 unten rechts. Eine Absenkung der Ladelufttemperatur verstärkt offensichtlich, abgesehen von den Betriebspunkten bei n=6000min^{-1}, noch diesen Effekt. Auf den ersten Blick könnte man also
vermuten, dass die Drehzahl die treibende Größe für die Verlängerung der Brenndauer sei. Allerdings müsste dann auch die Brenndauer bei der niedrigeren Last
(p_{mi}=6bar) signifikant mit steigender Drehzahl zunehmen. Da bei dem geringeren
Lastniveau die Drehzahl keinen Einfluss hat (Abb. 49 unten links), kann sie auch
beim höheren Lastniveau als Ursache ausgeschlossen werden. Als mögliche Ursachen verbleiben die Last und der Verbrennungsschwerpunkt.

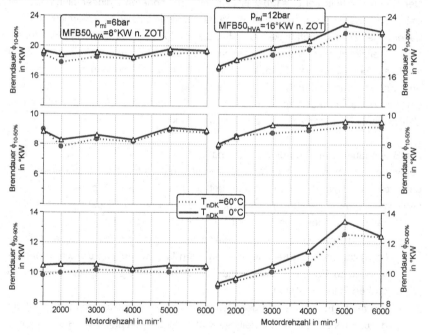

Abb. 49: Einfluss der Ladelufttemperatur auf die Brenndauer $\varphi_{10\text{-}90\%}$

Aus der Sensitivitätsanalyse (Abb. 32, Versuch 1) kann jedoch entnommen werden,
dass eine Lastzunahme von p_{mi}=6bar auf p_{mi}=12 bar die Brenndauer $\varphi_{10\text{-}90\%}$ nicht
signifikant verändert. Daher muss der Verbrennungsschwerpunkt die primäre Ursa-

che für dieses Verhalten sein. Entscheidend für die Brenndauer ist der notwendige Flammenweg bis zur vollständigen Verbrennung des Gemisches. Dieser wird außer von der Brennraumform auch von dem sich abwärts bewegenden Kolben bestimmt. Je weiter also die Verbrennung in den Expansionshub getragen wird, desto länger werden, aufgrund der kinematischen Zwangsbedingungen des Kurbeltriebs, die erforderlichen Flammenwege und dadurch die Brenndauer. Dies macht sich insbesondere im zweiten Teil der Hauptverbrennung $\varphi_{50\text{-}90\%}$ bemerkbar. Die zusätzliche Verlängerung der Brenndauer infolge der Ladelufttemperaturabsenkung resultiert aus der temperaturbedingten Verlangsamung der laminaren Brenngeschwindigkeit.

Die Betriebspunkte bei $n=6000\text{min}^{-1}$ zeigten bei beiden betrachteten Lastpunkten keinen Einfluss der Ladelufttemperatur auf die Brenndauer $\varphi_{50\text{-}90\%}$. Zudem konnte auch bei den übrigen versuchstechnisch betrachteten Ladelufttemperaturen ($T_{nDK}=10°C\text{-}50°C$) keine Änderung der Brenndauer $\varphi_{50\text{-}90\%}$ festgestellt werden. Es gibt lediglich einen signifikanten Zusammenhang zwischen der Ladelufttemperatur und der Brenndauer $\varphi_{10\text{-}50\%}$. Dieser Betriebspunkt hat als Einziger ein unterstöchiometrisches Luftverhältnis ($\lambda=0.87$). Daher ist denkbar, dass durch ein reicheres Gemisch die übrigen Einflussfaktoren überkompensiert werden. Auf den Restgasgehalt hat die Ladelufttemperatur bei beiden Lastlinien über das gesamte Drehzahlband keinen signifikanten Einfluss, Abb. 50.

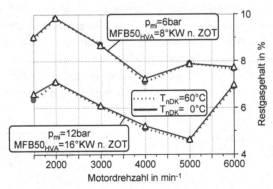

Abb. 50: Einfluss der Ladelufttemperatur auf den Restgasgehalt

Die Zylinderspitzentemperatur und der maximale Zylinderdruck zeigen hingegen eine eindeutige Abhängigkeit von der Ladelufttemperatur, Abb. 51. Die Dichteerhöhung infolge der sinkenden Einlasstemperatur erfordert eine stärkere Drosselung, die einen niedrigeren Zylinderdruck zu Beginn des Hochdruckprozesses bewirkt. Bei $n=6000\text{min}^{-1}$ und $p_{mi}=12\text{bar}$ wird der Effekt der Ladelufttemperatur aufgrund des höheren Restgasanteils abgeschwächt.

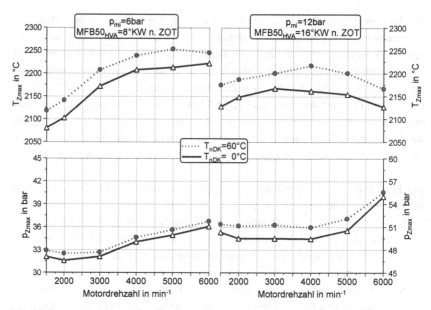

Abb. 51: Einfluss der Ladelufttemperatur auf max. Zylinderdruck und Zylinderspitzen-
temperatur

Die Reduktion der Zylinderspitzentemperatur wirkt sich grundsätzlich positiv auf die NO_X-Rohemissionen aus [97]. Geringere Spitzentemperaturen vermindern die treibende Temperaturdifferenz für den Wandwärmeübergang, was die geringeren Wandwärmeverluste erklärt. Bei sonst gleichen Betriebsbedingungen (MFB50) führt dies allerdings dazu, dass sich die Absenkung der Ladelufttemperatur (T_{nDK}) nur gedämpft auf die Abgastemperatur am Zylinderauslass und dann auch auf die Abgastemperatur vor Turbine auswirkt, Abb. 52.

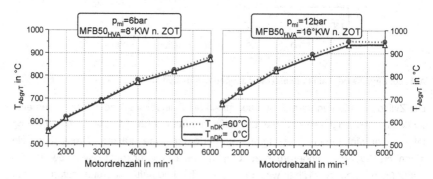

Abb. 52: Einfluss der Ladelufttemperatur auf die Abgastemperatur vor Turbine

Der Einfluss der Ladelufttemperatur auf die zyklischen Schwankungen des indizierten Mitteldrucks ist nicht eindeutig, Abb. 53. Bei Drehzahlen bis n=3000min^{-1} ist kein signifikanter Einfluss der Ladelufttemperatur festzustellen. Bei höheren Drehzahlen führt eine niedrigere Ladelufttemperatur tendenziell zu intensiveren zyklischen Schwankungen. Der Grund dafür dürfte in der schlechteren Homogenisierung des Gemisches infolge der vermehrt benötigten Zeitdauer für die Gemischaufbereitung liegen. Insgesamt gesehen, ist allerdings kein kritischer Einfluss auf die zyklischen Schwankungen festzustellen, da deren absolute Höhe stets im tolerierbaren Bereich (COV$_{pmi} \leq 3\%$) liegt.

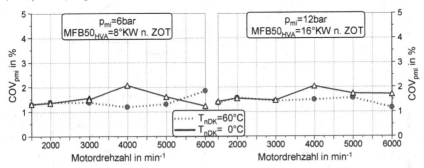

Abb. 53: Einfluss der Ladelufttemperatur auf den Variationskoeffizienten des indizierten Mitteldrucks

6.3 Motorbetriebsgrenzen

In diesem Abschnitt soll der Einfluss der Ladelufttemperatur auf den Wirkungsgrad an den Motorbetriebsgrenzen untersucht werden. Diese sind wie folgt definiert:

- Max. Zylinderdruck bei $p_{Zmax}=75bar$
- Abgastemperatur vor Turbine bei $T_{AbgvT}=950°C$
- Klopfgrenze (PS$_{max}$= 0.5•10^{-3}•Drehzahl in min^{-1}; Klopffrequenz=2% der ASP)

Im realen Motorbetrieb können grundsätzlich mehrere Motorbetriebsgrenzen gleichzeitig erreicht werden. Daher werden die untersuchten Betriebspunkte derart ausgewählt, dass immer Kombinationen von Motorbetriebsgrenzen relevant sind. Zur Einhaltung der Betriebsgrenzen werden der Zündzeitpunkt und das Luftverhältnis angepasst. Die hieraus ermittelten Erkenntnisse bilden dann die Basis einer Applikationsstrategie zur Wirkungsgradsteigerung bei Ladelufttemperaturabsenkung an der Motorvolllast (Abschn. 7.3.2).

6.3.1 Klopfgrenze

Als erstes wird der Einfluss der Ladelufttemperatur T_{nDK} auf die Klopfgrenze untersucht. Dazu wird bei der Ladelufttemperatur T_{nDK}=60°C für die gewünschte Last p_{mi}=20bar der Zündzeitpunkt so eingestellt, dass diese gerade noch klopffrei (Klopfgrenze) gefahren werden kann[18].

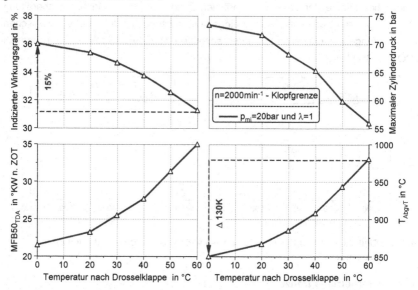

Abb. 54: Einfluss der Ladelufttemperatur auf Wirkungsgrad und Motorbetriebsgrenzen entlang der Klopfgrenze bei n=2000min^{-1} und Lambda=1

In gleicher Weise wird dann auch bei in Schritten bis auf 0°C abgesenkter Ladelufttemperatur, unter Beibehaltung der Last, verfahren. Die Ergebnisse dieser Versuchsreihe sind in Abb. 54 dargestellt. Wird die Ladelufttemperatur von T_{nDK}=60°C auf T_{nDK}=0°C gesenkt, kann durch die Frühverstellung des Zündzeitpunkts die Abgastemperatur vor Turbine um 130K gesenkt werden. Gleichzeitig steigt der indizierte Wirkungsgrad um 15%, weil die Ladelufttemperaturabsenkung die Klopfgrenze zu einem wirkungsgradgünstigeren Verbrennungsschwerpunkt verschiebt.

Um die klopfhemmende Wirkung der Ladelufttemperaturabsenkung zu verdeutlichen, wurde dieser Versuch um einen zusätzlichen Betriebspunkt ergänzt, für den bei T_{nDK}=0°C der gleiche Verbrennungsschwerpunkt (MFB50$_{TDA}$=35°KW) wie bei T_{nDK}=60°C eingestellt wurde, Abb. 55. Die thermodynamische Druckverlaufsanalyse

---

[18] Um den Einfluss der Ladelufttemperatur bei λ=1 untersuchen zu können, wurde eine leichte Überschreitung der Abgastemperaturgrenze T_{AbgvT} um 30K toleriert, Abb. 54 unten rechts.

liefert neben dem Brennverlauf auch den Temperaturverlauf in der unverbrannten Zone des Zylinders. In dieser Zone finden die selbstzündungsrelevanten Vorreaktionen im unverbrannten Gemisch statt. Wird bei konstantem Verbrennungsschwerpunkt die Ladelufttemperatur von 60°C (gelbe Linie) auf 0°C (blaue gestrichelte Linie) abgesenkt, kann eine deutliche Niveauverschiebung des Temperaturverlaufs im unverbrannten Gemisch konstatiert werden. Die Temperatur ist neben dem Druck die treibende Größe für die Geschwindigkeit der Vorreaktionen. Aus diesem Grund führt Ladeluftkühlung, bei sonst gleichen Betriebsparametern, zu einer Vergrößerung des Abstands zur Klopfgrenze. Abb. 55 (oben) verdeutlicht, dass die Dichtesteigerung infolge der Ladelufttemperaturabsenkung den Druck während der Kompression senkt, was die Klopfneigung zusätzlich verringert.

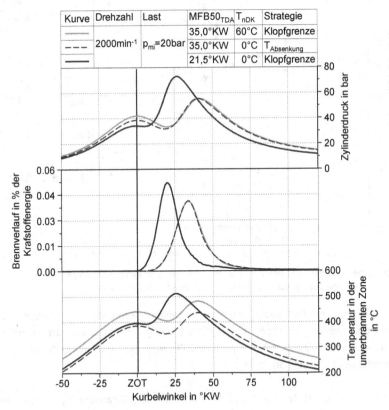

Kurve	Drehzahl	Last	MFB50$_{TDA}$	T$_{nDK}$	Strategie
——			35,0°KW	60°C	Klopfgrenze
– – –	2000min^{-1}	p$_{mi}$=20bar	35,0°KW	0°C	T$_{Absenkung}$
——			21,5°KW	0°C	Klopfgrenze

Abb. 55: Einfluss der Ladelufttemperatur auf Druck-, Brennverlauf und Temperatur in der unverbrannten Zone bei n=2000min^{-1} und Lambda=1

6.3.2 Klopf-, Zylinderdruck- und Abgastemperaturgrenze

Nunmehr wird bei gleicher Last (p_{mi}=20bar) die Drehzahl auf n=3500min^{-1} erhöht. Bei der Ladelufttemperatur von T_{nDK}=60°C muss zusätzlich zur klopfbedingten Spätverstellung des Zündzeitpunkts das Gemisch angereichert werden, um den Grenzwert für die Abgastemperatur einhalten zu können, Abb. 56. Der maximale Zylinderdruck liegt in der Nähe des zulässigen Grenzwerts.

Ausgehend von diesem Betriebspunkt, können bei schrittweiser Ladelufttemperaturabsenkung zwei verschiedene Applikationsstrategien miteinander verglichen werden.

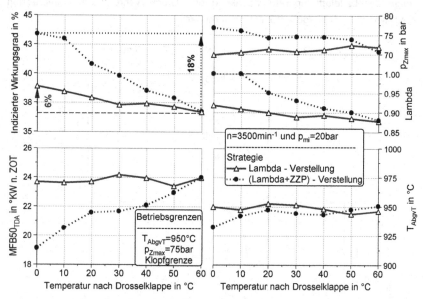

Abb. 56: Einfluss der Ladelufttemperatur auf Wirkungsgrad entlang der Klopf-, Druck- und Abgastemperaturgrenze bei n=3500min^{-1} und p_{mi}=20bar [57]

Bei der Strategie *Lambda* muss bei konstantem Verbrennungsschwerpunkt das Gemisch soweit angereichert werden, dass die Abgastemperaturgrenze weitgehend eingehalten wird. Die Strategie *Lambda+ZZP* zeigt die simultane Optimierung von Zündzeitpunkt und Luftverhältnis.

Die Strategie *Lambda* erlaubt bei der Ladelufttemperaturabsenkung lediglich eine moderate Zurücknahme der Gemischanreicherung. Wird zusätzlich der Zündzeitpunkt (*Lambda+ZZP*) und damit der Verbrennungsschwerpunkt nach früh verschoben, kann die Anreicherung des Gemisches deutlich mehr zurückgenommen werden.

Daraus folgt, dass der Verbrennungsschwerpunkt einen viel stärkeren Einfluss auf die Abgastemperatur hat als das Luftverhältnis bzw. eine Anfettung des Gemisches ohne Anpassung des Verbrennungsschwerpunktes nicht wirkungsgradoptimal sein kann.

6.3.3 Zylinderdruck- und Abgastemperaturgrenze

Der Betriebspunkt p_{mi}=16bar bei n=4500min^{-1} liegt nicht an der Klopfgrenze. Die limitierenden Faktoren sind vielmehr die Abgastemperatur vor Turbine und der maximale Zylinderdruck, Abb. 57.

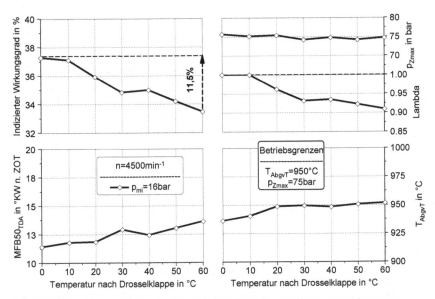

Abb. 57: Einfluss der Ladelufttemperatur entlang der Druck- und Abgastemperaturgrenze bei n=4500min^{-1} und p_{mi}=16bar [55]

Die Dichteerhöhung der Ladeluft aufgrund von Ladeluftkühlung ermöglicht für gleichbleibende Zylinderfüllung einen geringeren Ladedruck. Dieser führt, bei ansonsten unveränderten Betriebsparametern, auch zu einem geringeren maximalen Zylinderdruck. Der dadurch geschaffene Abstand zur Druckgrenze kann nun ausgenutzt werden um Zündzeitpunkt und Luftverhältnis wirkungsgradgünstiger einzustellen, bis die Grenzen für die Abgastemperatur vor Turbine und den maximalen Zylinderdruck wieder erreicht sind. Der Wirkungsgradgewinn durch Ladeluftkühlung entlang der Grenze für den zulässigen maximalen Zylinderdruck fällt insgesamt geringer aus als der in Abschn. 6.3.1 beschriebene Wirkungsgradgewinn bei Klopfbegrenzung.

7 Einfluss der Ladelufttemperatur auf Leistungsdichte und Wirkungsgrad

In diesem Kapitel wird das Potenzial der Ladelufttemperatursenkung zur Erhöhung von Leistungsdichte und Motorwirkungsgrad über dem Motordrehzahlbereich untersucht. Es werden dabei folgende Strategien verfolgt und ihre Ergebnisse unter den für den Motor gegebenen Belastungsgrenzen analysiert:

(1) Lastanhebung bei wirkungsgradoptimalem Verbrennungsschwerpunkt
(2) Lastanhebung bei stöchiometrischem Luftverhältnis
(3) Verbesserung des Motorwirkungsgrads bei konstanter Volllast
(4) Anhebung der Volllast
(5) Erhöhung des maximalen Zylinderdrucks bis zur Klopfgrenze und Steigerung der Nennleistung

Um Ladelufttemperaturen, wie sie im realen Fahrzeugbetrieb unter sehr ungünstigen Bedingungen[19] auftreten können, mit abzubilden, wurde die obere Ladelufttemperaturgrenze auf $T_{nDK}=80°C$ gesetzt.

7.1 Anhebung der Last bei thermodynamisch erwünschtem Verbrennungsschwerpunkt und stöchiometrischem Luftverhältnis

In diesem Abschnitt soll das Potenzial der Ladelufttemperatursenkung zur Erhöhung der Leistungsdichte bei dem thermodynamisch erwünschten Verbrennungsschwerpunkt untersucht werden. Unter Vernachlässigung der Motorbetriebsgrenzen liegt der thermodynamisch erwünschte Verbrennungsschwerpunkt in der Regel im Bereich kurz nach dem oberen Totpunkt. Die Zündzeitpunktvariationen aus der Sensitivitätsanalyse (Kap. 0) bestätigen die Angaben aus der Literatur[20], dass der wirkungsgradoptimale Verbrennungsschwerpunkt bei ca. 8°KW nach ZOT liegt. Im folgenden Versuch wird daher bei jedem Betriebspunkt der Zündzeitpunkt so eingestellt, dass die Heizverlaufsanalyse einen Verbrennungsschwerpunkt von 8°KW n. ZOT detektiert. Die Motorbetriebsgrenzen werden wie folgt gesetzt:

- Maximaler Zylinderdruck $p_{Zmax}=75bar$
- Abgastemperatur vor Turbine $T_{AbgvT}=950°C$
- Klopfgrenze ($PS_{max}= 0.5 \cdot 10^{-3} \cdot$Drehzahl in min^{-1}; Klopffrequenz=2% der ASP)

---

[19] Für die Ladeluftkühlung ungünstige Bedingungen sind eine hohe Motorlast (hohe Verdichteraustrittstemperatur durch hohen Ladedruckbedarf) bei niedriger Fahrzeuggeschwindigkeit und hoher Umgebungstemperatur (geringe Kühlleistung).

[20] s. [Bar95] und [Tsc11]

Wie aus Abb. 58 ersichtlich ist, wird bei den Ladelufttemperaturen $T_{nDK}=60°C$ und 80°C die erreichbare Last lediglich durch das Motorklopfen begrenzt. Die dabei auftretenden Werte für die Abgastemperatur vor Turbine und den maximalen Zylinderdruck liegen stets unter den Grenzwerten. Bei weiter sinkender Ladelufttemperatur wird ab $T_{nDK}=40°C$ zunächst nur im Drehzahlbereich von n=4000-4500min^{-1} zusätzlich die Grenze für den maximalen Zylinderdruck erreicht. Bei Drehzahlen größer als n=4500min^{-1} und Ladelufttemperaturen $T_{nDK}\geq40°C$ verschiebt sich die Klopfgrenze wieder zu niedrigeren Lasten, weil offensichtlich der gleichzeitig ansteigende Restgasanteil eine Beschleunigung der Selbstzündungsvorgänge im unverbrannten Gemisch bewirkt.

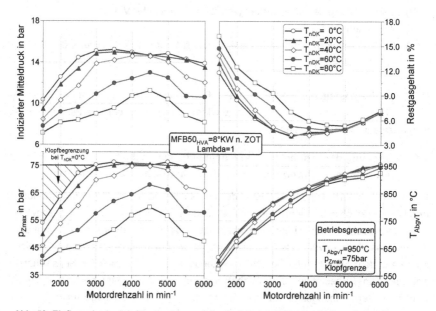

Abb. 58: Einfluss der Ladelufttemperatur auf den indizierten Mitteldruck, den maximalen Zylinderdruck, den Restgasgehalt und die Abgastemperatur vor Turbine über der Motordrehzahl bei MFB50$_{HVA}$=8°KW n. ZOT

Wird die Ladelufttemperatur noch weiter gesenkt (auf $T_{nDK}=20°C$ und 0°C), so wird der maximale Zylinderdruck die lastbestimmende Betriebsgrenze. Lediglich im Drehzahlbereich n<3000min^{-1} ist die Klopfgrenze noch signifikant für die erzielbare Last. Der spezifische Kraftstoffverbrauch (Abb. 59 links) ist bei konstantem Verbrennungsschwerpunkt für den jeweiligen Betriebspunkt umgekehrt proportional zur erzielbaren Last (s. Abb. 58 Teildiagramm oben links).

Aufgrund der Begrenzung im maximalen Zylinderdruck kann bei Ladelufttemperaturabsenkung von T_{nDK}=20°C auf 0°C die Last nur bei den Drehzahlen n<2500min^{-1} weiter erhöht werden, die lediglich der Klopfbegrenzung unterliegen. Daher ist in diesem Ladelufttemperaturbereich nur noch eine geringe Verbesserung des spezifischen Kraftstoffverbrauchs realisierbar.

Wird die über den untersuchten Motordrehzahlbereich erzielbare Last für die jeweilige Ladelufttemperatur gemittelt (Abb. 59 rechts), ergibt sich ein degressiver Anstieg der gemittelten Last bei sinkender Ladelufttemperatur. Während mit einer Ladelufttemperaturabsenkung von T_{nDK}=80°C auf 60°C die durchschnittliche Last um 20% erhöht werden kann, fällt die erreichbare Lasterhöhung bei einer Ladelufttemperaturabsenkung von T_{nDK}=20°C auf 0°C mit lediglich 3% moderat aus. Dies liegt vorrangig an der Begrenzung des zulässigen maximalen Zylinderdrucks auf p_{Zmax}=75bar. Bei Ladelufttemperaturen von T_{nDK}=0°C und 20°C besteht ein genügender Abstand zur Klopfgrenze, sodass aus Sicht des Brennverfahrens noch weiteres Potenzial zur Steigerung der Leistungsdichte verbleibt.

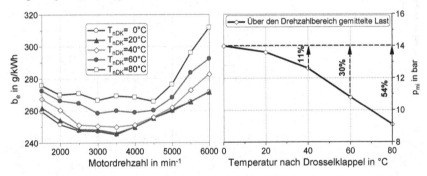

Abb. 59: Einfluss der Ladelufttemperatur auf die durchschnittlich erzielbare Last (rechts) und den spezifischen Kraftstoffverbrauch (links)

7.2 Anhebung der Last bei variablem Verbrennungsschwerpunkt und stöchiometr. Luftverhältnis

In diesem Versuch wird bei stöchiometrischem Luftverhältnis der Einfluss der Ladelufttemperatur auf die erzielbare Last bei einer Abgastemperaturgrenze vor Turbine von T_{AbgvT}=950°C untersucht, wobei der Zündzeitpunkt jeweils so eingestellt wird, dass weder der zulässige maximale Zylinderdruck (p_{Zmax}=75bar) noch die Klopfgrenze überschritten werden, Abb. 60.

Die Last ist bei den Ladelufttemperaturen T_{nDK}=60°C und 80°C nur durch das Motorklopfen und die Abgastemperatur begrenzt. Die Begrenzung der Last durch den maximalen Zylinderdruck tritt erst von T_{nDK}=40°C abwärts und nur bei einzelnen Drehzahlen auf. Wird die Ladelufttemperatur bis auf T_{nDK}=0°C abgesenkt, ist die darstellbare Last über alle Drehzahlen nur noch durch den zulässigen maximalen Zylinderdruck begrenzt.

Bei n=1500min^{-1} und T_{nDK}=0°C konnte die Last sogar soweit erhöht werden, dass die Luftfördergrenze beider Aufladeaggregate erreicht wurde. Der verbleibende Abstand zum maximal zulässigen Zylinderdruck wurde durch Frühverstellung des Zündzeitpunkts geschlossen. Dadurch konnte die Abgastemperatur vor Turbine auf T_{AbgvT}=913°C gesenkt werden. Demnach wurde in diesem Betriebspunkt die Betriebsgrenze der Abgastemperatur vor Turbine nicht ausgeschöpft. Die erzielbare Last ist bei T_{nDK}=0°C und n=1500min^{-1} nur durch das Aufladesystem beschränkt.

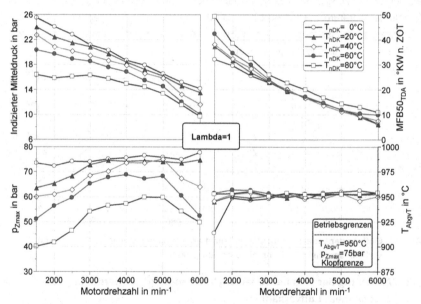

Abb. 60: Einfluss der Ladelufttemperatur auf die erzielbare Last, maximalen Zylinderdruck, MFB50 und Abgastemperatur bei Lambda=1-Betrieb

Bei Drehzahlen n>5000min^{-1} und Ladelufttemperaturen von T_{nDK}≥40°C ist eine erhöhte Klopf-empfindlichkeit festzustellen und es stellt bei diesen Betriebspunkten nicht der maximale Zylinderdruck die Begrenzung für die erzielbare Last dar (s. Abb. 60 Teildiagramm unten links). Die erhöhte Klopfneigung resultiert aus dem zunehmenden Restgasanteil bei Drehzahlen n>5000min^{-1}, Abb. 61 rechts.

Der spez. Kraftstoffverbrauch (Abb. 61 links) für den jeweiligen Betriebspunkt ist abhängig von der bei der jeweiligen Ladelufttemperatur erzielbaren Last und dem Verbrennungsschwerpunkt.

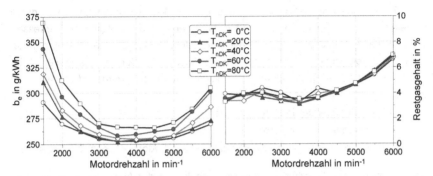

Abb. 61: Einfluss der Ladelufttemperatur auf den spezifischen Kraftstoffverbrauch (links) und den Restgasanteil (rechts) im Lambda=1-Betrieb

Die über den untersuchen Motordrehzahlen für die jeweilige Ladelufttemperatur gemittelte Last steigt degressiv mit abnehmender Ladelufttemperatur, Abb. 62. Während mit einer Ladelufttemperaturabsenkung von T_{nDK}=80°C auf 60°C die durchschnittliche Last um 20% erhöht werden kann, fällt die erreichbare Lasterhöhung bei einer Ladelufttemperaturabsenkung von T_{nDK}=20°C auf 0°C mit lediglich 5% vergleichsweise gering aus. Die Gründe hierfür liegen in den Begrenzungen für den maximalen Zylinderdruck und die Abgastemperatur vor Turbine, jedoch nicht am Erreichen der Klopfgrenze. Daher wäre bei diesem Brennverfahren und unter Ausschöpfung des Abstandes bis zur Klopfgrenze noch eine weitere Laststeigerung möglich.

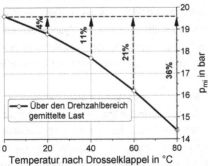

Abb. 62: Mögliche Steigerung der über den Drehzahlbereich gemittelten Last durch Ladeluftkühlung im Lambda=1-Betrieb

7.3 Volllast

Diese Versuche gliedern sich in zwei Abschnitte. Zunächst wird der Einfluss der Ladelufttemperatur auf die mögliche Anhebung der Volllastkurve untersucht (Abschn.7.3.1). Anschließend wird bei konstanter Volllast diskutiert, inwieweit durch Ladelufttemperaturabsenkung der Wirkungsgrad entlang der Volllastkurve verbessert werden kann (Abschn. 7.3.2). Damit der Effekt durch die Ladelufttemperatur-Senkung einer geringeren Limitierung durch die Grenzen für den maximalen Zylinderdruck und die Abgastemperatur vor Turbine unterliegt, werden diese wie folgt erhöht:

- Maximaler Zylinderdruck p_{Zmax}=80bar
- Abgastemperatur vor Turbine T_{AbgvT}=1000°C
- Klopfgrenze (PS_{max}= $0{,}5 \cdot 10^{-3} \cdot$Drehzahl in min^{-1}; Klopffrequenz=2% der ASP)

Um die thermische Belastung der Auslassventile und der Abgasturbine zu begrenzen, wird in Serienapplikationen bei hohen Drehzahlen an der Motorvolllast häufig eine Anreicherung des Gemisches appliziert, was auch in der Serienapplikation des Versuchsträgers der Fall ist. Daher wird für diesen Versuch auch eine betriebspunktabhängige Anreicherung des Gemisches zugelassen. Das Luftverhältnis ist abhängig von Last und Drehzahl, jedoch nicht von der Ladelufttemperatur.

7.3.1 Anhebung der Volllastkurve

Der Einfluss der Ladelufttemperatur auf die erreichbare Motorvolllast ist in Abb. 63 dargestellt.

Die Volllastlinie bei T_{nDK}=80°C ist über den gesamten Drehzahlbereich durch das Motorklopfen begrenzt. Die Volllastkurven bei den übrigen Ladelufttemperaturen sind zumindest teilweise auch durch den zulässigen maximalen Zylinderdruck begrenzt, wobei mit abnehmender Ladelufttemperatur die Zylinderdruckgrenze erst bei immer niedrigeren Drehzahlen erreicht wird. Bei der Ladelufttemperatur T_{nDK}=0°C tritt die Klopfgrenze als limitierende Größe nur noch bei Drehzahlen n<3000min^{-1} auf.

Bei n=1500min^{-1} wird beim hier eingesetzten Versuchsträger (s. Abb. 21) die Ladeluft vor dem Eintritt in den Turboladerverdichter durch einen mechanisch angetriebenen Kompressor vorverdichtet. Erkennbar ist dies für alle Ladelufttemperaturen daran, dass von n=2000min^{-1} zu n=1500min^{-1} der indizierte Mitteldruck ansteigt, der effektive Mitteldruck aber abfällt, weil der Motor die Kompressor-Antriebsleistung aufzubringen hat.

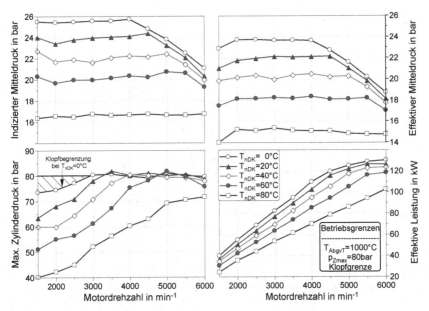

Abb. 63: Einfluss der Ladelufttemperatur auf p_{mi}, p_{me}, p_{Zmax} und P_e

Der Restgasanteil ist für die Lastlinie bei $T_{nDK}=80°C$ und den beiden unteren Drehzahlen $n=1500min^{-1}$ und $2000min^{-1}$ geringer als bei den übrigen Lastlinien, Abb. 64. Der Grund dafür liegt bei beiden Betriebspunkten in einer positiven Ladungswechselarbeit, die darauf schließen lässt, dass während des Ladungswechsels der zeitliche Mittelwert des Drucks im Einlasskanal höher als der entsprechende Druck im Auslasskanal liegen muss, was sich günstig auf die Restgasausspülung auswirkt. Insbesondere während der sogenannten Ventilüberschneidung verbessert dies die Verdrängung von Restgas durch Frischgas. Dieser Effekt wird bei $n=1500min^{-1}$ durch das Mitwirken des mechanischen Kompressors noch verstärkt.

Die für alle untersuchten Werte der Ladelufttemperatur jeweils über alle Motordrehzahlen gemittelte erzielbare Last zeigt eine signifikante Abhängigkeit von der Ladelufttemperatur, Abb. 65. Gerade hin zu niedrigen Ladelufttemperaturen konnte gezeigt werden, dass die wesentliche Begrenzung neben der Abgastemperatur vor Turbine vor allem der zulässige maximale Zylinderdruck ist. Demnach ließe sich bei Anhebung des maximal zulässigen Zylinderdrucks die Volllast noch weiter erhöhen.

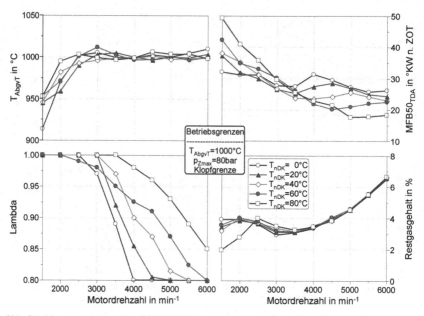

Abb. 64: Abgastemperatur, Lambda, MFB50 und Restgasgehalt an der Volllast in Abhängigkeit von der Ladelufttemperatur

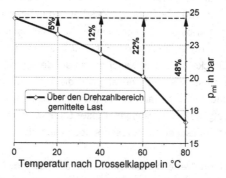

Abb. 65: Einfluss der Ladelufttemperatur auf die durchschnittliche Last bei variablem Lambda und zulässigem max. Zylinderdruck von $p_{Zmax}=80bar$

7.3.2 Motorwirkungsgrad und thermische Turbinenbelastung bei konstanter motorischer Volllast

Wird bei sonst konstanten Eingangs-Betriebsparametern die Ladelufttemperatur abgesenkt, vergrößert sich der Abstand zu den Motorbetriebsgrenzen. Unter Beibehaltung der Last und der Betriebsgrenzen können dadurch die Betriebsparameter

Zündzeitpunkt und Luftverhältnis wirkungsgradgünstiger eingestellt und die thermische Belastung der Turbine gesenkt werden. Das Potenzial der Ladelufttemperaturabsenkung zur Wirkungsgradverbesserung und zur Reduzierung der Abgastemperatur vor Turbine wird exemplarisch[21] anhand der im vorangegangenen Abschnitt beschrieben Volllastlinien bei T_{nDK}= 60° und 80°C gezeigt.

Konstante Volllast für die Ladelufttemperatur T_{nDK}=80°C

Zunächst wird die Volllastlinie für T_{nDK}= 80°C (Referenz-Volllast) bei den übrigen untersuchten Werten der Ladelufttemperatur reproduziert. Dazu wurde der indizierte Mitteldruck jeweils so eingestellt, dass der effektive Mitteldruck der Referenz-Volllast erreicht wurde, Abb. 66.

Bei einer Ladelufttemperatur T_{nDK}=0°C kann über das gesamte Drehzahlband auf eine Gemischanreicherung auf λ<1 verzichtet werden. Vom thermodynamisch erwünschten Zündzeitpunkt bzw. Verbrennungsschwerpunkt muss klopfbedingt erst bei Drehzahlen n<2500min⁻¹ abgewichen werden. Die Abgastemperatur vor Turbine kann in Abhängigkeit von der Ladelufttemperatur stark gesenkt werden. Die größte Absenkung ist bei n=1500min⁻¹ und T_{nDK}=0°C möglich. Da in diesem Betriebspunkt bei allen Ladelufttemperaturen ein stöchiometrisches Gemisch vorliegt, ist die Absenkung der Abgastemperatur vor Turbine allein auf die mögliche Frühverstellung des Zündzeitpunkts und damit auf die Lage des Verbrennungsschwerpunktes zurückzuführen.

Der größte Wirkungsgradzuwachs wird bei geringster untersuchter Ladelufttemperatur (T_{nDK}=0°C) und niedrigster Drehzahl (n=1500min⁻¹) erreicht. Der Zündzeitpunkt kann aufgrund des geschaffenen Abstandes zur Klopfgrenze weit in Richtung früh verschoben werden und damit in einen viel wirkungsgradgünstigeren Bereich. Dadurch wird für einen konstanten effektiven Mitteldruck (p_{me}) eine geringere Füllung bzw. ein niedrigerer Ladedruck benötigt. Aus diesem Grund kann auf die Verdichtungsarbeit des mechanisch angetriebenen Kompressors verzichtet werden. Begünstigt wird dieser Effekt durch die grundsätzliche Dichtesteigerung der dem Motor zugeführten Ladeluft bei Ladeluftkühlung.

Insbesondere bei der Ladelufttemperatur von T_{nDK}=0°C und n=1500min⁻¹ fällt auf, dass die Klopfgrenze im Vergleich zu Abschn. 7.3.1 trotz geringerer Last schon bei einem niedrigeren maximalen Zylinderdruck erreicht wird.

---

[21] Aufgrund der Begrenzung durch den zulässigen max. Zylinderdruck beschränkt sich das verbleibende Wirkungsgradpotenzial, ausgehend von noch niedrigeren Ladelufttemperaturen, auf den Dichtegewinn durch Ladeluftkühlung. Dieses Potenzial ist relativ gering und wurde bereits in Abschn. 6.3.3 diskutiert.

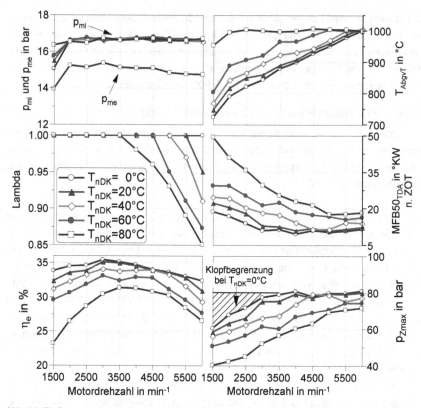

Abb. 66: Einfluss der Ladelufttemperatur auf Wirkungsgrad, Abgastemperatur vor Turbine und wichtige Motorbetriebsgrößen bei Volllast ($T_{nDK}=80°C$)

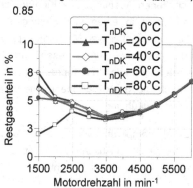

Abb. 67: Restgasanteil in Abhängigkeit von Drehzahl und T_{nDK} bei Volllast ($T_{nDK}=80°C$)

Der Grund dafür liegt im relativ hohen Restgasanteil, Abb. 67. Durch den Verzicht auf die zusätzliche Verdichtung durch den mechanischen Kompressor ist die Restgasausspülung beeinträchtigt, wodurch die Klopfneigung zunimmt.

Konstante Volllast für die Ladelufttemperatur T_{nDK}=60°C

Wird ausgehend von der Volllastlinie zu T_{nDK}=60°C unter Beibehaltung des effektiven Mitteldrucks die Ladelufttemperatur abgesenkt, lassen sich signifikante Steigerungen im effektiven Wirkungsgrad erzielen und die Abgastemperatur vor Turbine erheblich senken, Abb. 68. Das größte Potenzial bietet auch hier die tiefste untersuchte Ladelufttemperatur (T_{nDK}=0°C) in Kombination mit der niedrigsten Drehzahl (n=1500min^{-1}). In diesem Betriebspunkt wird eine Steigerung des Wirkungsgrades um 27% erzielt. Gleichzeitig sinkt die Abgastemperatur vor Turbine um 135K.

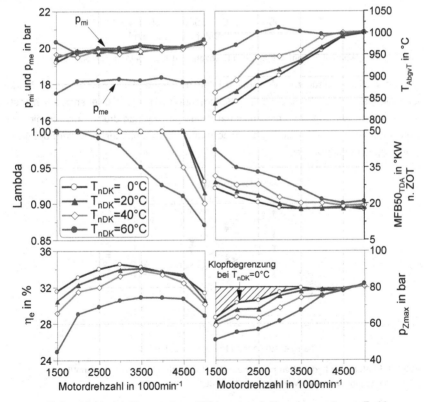

Abb. 68: Einfluss der Ladelufttemperatur auf Wirkungsgrad, Abgastemperatur vor Turbine und wichtige Motorbetriebsgrößen bei Volllast (T_{nDK}=60°C)

Im Vergleich zur Volllast im vorangegangen Abschnitt (s. Abschn. 7.3.1) wird bei der Ladelufttemperatur $T_{nDK}=0°C$ die Klopfgrenze bereits bei geringeren Werten für den maximalen Zylinderdruck erreicht. Der Grund hierfür liegt in dem höheren Restgasanteil, Abb. 69, bei niedrigen Motordrehzahlen n<2500min^{-1}.

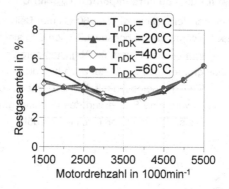

Abb. 69: Restgasanteil in Abhängigkeit von Drehzahl und T_{nDK} bei Volllast ($T_{nDK}=60°C$)

Der über alle untersuchten Motordrehzahlen gemittelte Wirkungsgrad ist für beide Lastlinien ist in Abb. 70 dargestellt. Zusammenfassend lässt sich ebenfalls hier feststellen, dass das Erreichen des maximal zulässigen Zylinderdrucks auch in diesem Versuch eine weitere Wirkungsgradsteigerung verhindert hat, insbesondere bei niedrigen Ladelufttemperaturen.

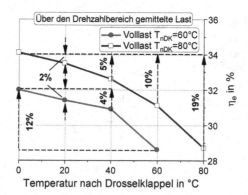

Abb. 70: Einfluss der Ladelufttemperatur auf den durchschnittlichen effektiven Wirkungsgrad bei den Volllastlinien $T_{nDK}= 60°$ und $80°C$

7.4 Steigerung des max. Zylinderdrucks und der Nennleistung bis zur Klopfgrenze

Die bisherigen Untersuchungen haben gezeigt, dass für relativ hohe Ladelufttemperaturen (T_{nDK}>40°C - 60°C) die erzielbare Last vorrangig durch die zulässige Abgastemperatur vor Turbine und die Klopfgrenze begrenzt ist. Die Untersuchungen haben auch ergeben, dass für moderate Ladelufttemperaturen (T_{nDK}<40°C) und insbesondere hohe Drehzahlen die Last nicht mehr durch das Motorklopfen begrenzt ist, sondern durch die zulässigen Grenzen für die Abgastemperatur vor Turbine und den maximalen Zylinderdruck. Beide Limitierungen sind teilweise frei wählbar, da durch beanspruchungsgerechte Konstruktion und Werkstoffwahl die thermische und mechanische Bauteilfestigkeit beeinflussbar sind.

Die brennverfahrensseitige obere Lastgrenze bildet beim Ottomotor zunächst nur die Klopfgrenze. Um das Potenzial der Ladelufttemperatur zur Erhöhung der brennverfahrensseitigen Lastgrenze zu ermitteln, wird die Last bei den folgenden Versuchen bis zur Klopfgrenze, unabhängig vom auftretenden maximalen Zylinderdruck, erhöht. Als Grenze der thermischen Belastung wird die Abgastemperatur vor Turbine T_{AbgvT}=1000°C beibehalten. Das Ziel dieser Untersuchungen ist es, das mittels Ladelufttemperaturabsenkung erreichbare Volllastplateau an der Volllast und die erzielbare Leistungsdichte im Nennleistungspunkt zu ermitteln.

7.4.1 Mitteldruckniveau an der Volllast

Das für aufgeladene Pkw-Ottomotoren charakteristische *Volllastplateau* (s. bspw. Abb. 63) beschreibt den Abschnitt der Volllastkurve über der Motordrehzahl, in der die Volllast praktisch konstant ist. Neben der absoluten Höhe dieses Lastniveaus sind dessen Lage und Breite über der Drehzahl entscheidend für die Güte eines aufgeladenen Motors.

Die vorangegangenen Versuche haben gezeigt, dass für Drehzahlen n>3500min^{-1} bei niedrigen Ladelufttemperaturen der Abstand zur Klopfgrenze, unter Einhaltung der gewählten Begrenzung für den maximalen Zylinderdruck, nicht ausgeschöpft wird. Bei niedrigeren Drehzahlen zeigte sich, dass die Förderleistung der Aufladeaggregate teilweise die erzielbare Last begrenzte. Daher soll nachfolgend exemplarisch das Potenzial der Ladelufttemperatur zur Erhöhung des indizierten Mitteldrucks und der effektiven Leistung bei den Drehzahlen n=3500min^{-1} (Abb. 71) und n=4500min^{-1} (Abb. 72) betrachtet werden.

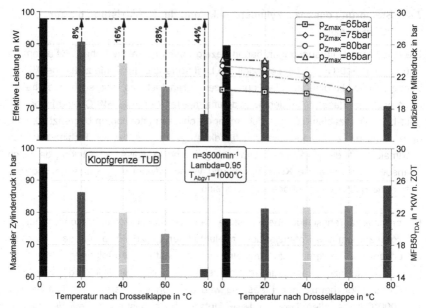

Abb. 71: Einfluss der Ladelufttemperatur auf die Verschiebung der Klopfgrenze und die erzielbare Leistung bzw. Last für unterschiedliche p_{Zmax}-Werte bei $n=3500min^{-1}$

Ergebnisse:

- Mit sinkender Ladelufttemperatur wird die Klopfgrenze bei beiden Drehzahlen erst bei höheren Werten des maximalen Zylinderdrucks erreicht. Diese Druckgrenze verläuft in erster Näherung linear abhängig von der Ladelufttemperatur.

- Wird der zulässige maximale Zylinderdruck schrittweise angehoben (Abb. 71 und Abb. 72 Teildiagramm oben rechts), ist die damit erreichbare Lastzunahme für die jeweilige Ladelufttemperatur linear. Das Potenzial zur Laststeigerung durch Absenken der Ladelufttemperatur ist auch bei konstantem maximalem Zylinderdruck signifikant.

- Der maximale indizierte Mitteldruck wird bei der niedrigsten hier betrachteten Ladelufttemperatur ($T_{nDK}=0°C$) erzielt. Unter den gewählten Betriebsbedingungen (Lambda, T_{AbgvT}) wird bei beiden Drehzahlen eine maximale Last von fast $p_{mi}=26bar$ erreicht.

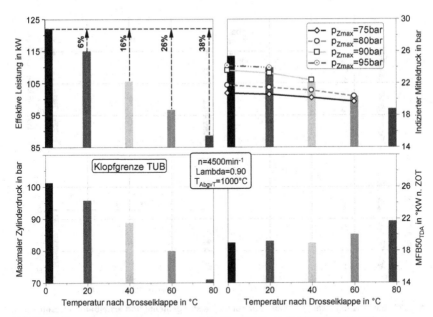

Abb. 72: Einfluss der Ladelufttemperatur auf die Verschiebung der Klopfgrenze und erzielbare Leistung bzw. Last für unterschiedliche p_{Zmax}-Werte bei n=4500min^{-1}

7.4.2 Nennleistung

Zur Ermittlung des Potenzials der Ladelufttemperatur zur Steigerung der Nennleistungsdichte wird zunächst die Nenndrehzahl festgelegt. Aus den bisher erzielten Ergebnissen (s. Abb. 63) ist keine für alle Ladelufttemperaturen eindeutig gültige Nenndrehzahl ableitbar. Je nach Ladelufttemperatur könnten zwei unterschiedliche Drehzahlen als Nenndrehzahl definiert werden (n=5500min^{-1} und n=6000min^{-1}). Der Restgasgehalt ist bei n=6000min^{-1} signifikant höher, Abb. 64. Dies erhöht die Klopfneigung unabhängig von der jeweiligen Ladelufttemperatur der Frischladung und würde somit den Einfluss der Ladelufttemperatur auf die Steigerung der Leistungsdichte verzerren. Um ein möglichst hohes Potenzial der Ladelufttemperaturabsenkung hinsichtlich der Leistungssteigerung ausweisen zu können, wird daher n=5500min^{-1} als Nenndrehzahl definiert, Abb. 73.

Schlussfolgerungen:

- Die Leistungsdichte nimmt in erster Näherung linear mit der Ladelufttemperaturabsenkung zu. Bei einer Ladelufttemperatur von T_{nDK}=0°C wird eine Leistungsdichte von 108kW/l erzielt.

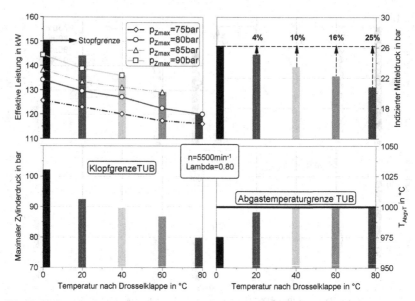

Abb. 73: Einfluss der Ladelufttemperatur auf die Leistungsdichte und erzielbare Leistung bzw. Last für unterschiedliche p_{Zmax}-Werte bei n=5500min⁻¹

- Die Klopfgrenze wird bei T_{nDK}=0°C erst bei p_{Zmax}≈103bar erreicht, was einen um mehr als 20bar höheren max. Zylinderdruck erlaubt gegenüber einem Betrieb bei der Ladelufttemperatur T_{nDK}=80°C.

- Der indizierte Mitteldruck bei T_{nDK}=0°C liegt mit p_{mi}=26bar auf gleichem Niveau wie bei den Drehzahlen n=3500min⁻¹ und 4500min⁻¹ (s. Abb. 71 und Abb. 72). Das bedeutet, dass bei genügend niedriger Ladelufttemperatur und keiner Begrenzung für den maximalen Zylinderdruck ein konstantes Volllastniveau von p_{mi}=26bar über ein breiteres Drehzahlband darstellbar wäre.

- Die isobaren (max. Zylinderdruck) Leistungslinien (Abb. 73 Teildiagramm links oben) verdeutlichen zwei Dinge: Erstens nimmt die Leistung ungefähr linear mit dem zulässigen maximalen Zylinderdruck zu. Zweitens hängt die absolute Höhe des zulässigen maximalen Zylinderdrucks von der Ladelufttemperatur ab. Könnte im Fahrzeug eine konstante[22] niedrige Ladelufttemperatur realisiert werden, dann wäre es möglich, die zulässige mechanische Bauteilbelastung in Abhängigkeit der definierten Ladelufttemperatur festzulegen. Die Ladelufttemperatur würde so zu einem Freiheitsgrad bei der Auslegung von aufgeladenen Ottomotoren.

---

[22] Das heißt, die Ladelufttemperatur ist hinreichend unabhängig vom Motorbetriebspunkt und den Umgebungsbedingungen, wie. z.B. der Außenlufttemperatur.

Bei der Ladelufttemperatur T_{nDK}=0°C wird die thermische Belastungsgrenze nicht ausgeschöpft, die Abgastemperatur vor Turbine liegt 25K unter der Temperaturgrenze. Durch Ausnutzung dieses Abstands könnte unter Anpassung des Zündzeitpunktes die Last noch weiter gesteigert werden. Allerdings hat bei diesem Betriebspunkt der Turboladerverdichter bereits die Stopfgrenze erreicht. Eine weitere Erhöhung des Luftmassenstroms bzw. der Last ist daher mit diesem Aufladeaggregat alleine nicht mehr möglich.

Fremdaufladung

Um das Potenzial der Ladelufttemperatur T_{nDK}=0°C zur Steigerung der Leistungsdichte bei konstanten Randbedingungen darstellen zu können, muss die thermische Belastungsgrenze für die Abgastemperatur vor Turbine bis zu ihrem zulässigen Maximalwert (T_{AbgvT}=1000°C) ausgeschöpft werden. Da der hierfür erforderliche Luftmassenstrom nicht durch die motoreigenen Aufladeaggregate gefördert werden kann, wird der Versuchsträger zusätzlich durch ein „motorfremdes" Aggregat aufgeladen.

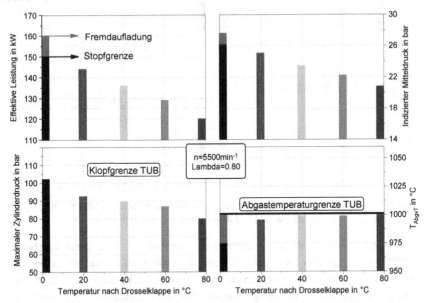

Abb. 74: Potenzial der Ladelufttemperatur zur Steigerung der Leistungsdichte bei zusätzlicher Fremdaufladung

Als Fremdaufladung wird ein mechanischer Kompressor verwendet, der nicht durch den Versuchsträger angetrieben wird. Der durch die Fremdaufladung geförderte Luftmassenstrom wird nach dem Turboladerverdichter eingeleitet. Unter Einsatz der

Fremdaufladung wird bei der Ladelufttemperatur $T_{nDK}=0°C$ eine Leistungsdichte von 115kW/l erzielt, Abb. 74.

Fremdaufladung + Klopfgrenze Serienapplikation

Um das Grenzpotenzial der Ladelufttemperatur zur Steigerung der Leistungsdichte möglichst seriennah darstellen zu können, wurde die Klopfschwelle auf die Klopfgrenze der Serienapplikation[23] erhöht. Durch Anwendung dieser seriennahen Klopfgrenze lässt sich bei einer Ladelufttemperatur von $T_{nDK}=0°C$ die Leistungsdichte auf 122kW/l steigern, Abb. 75.

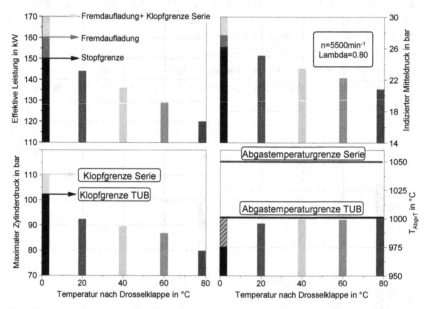

Abb. 75: Potenzial der Ladelufttemperatur auf die Steigerung der Leistungsdichte bei zusätzlicher Fremdaufladung und Anwendung der Serienklopfgrenze

Die Abgasturbine des Versuchsträgers ist für Turbineneintrittstemperaturen bis zu 1050°C ausgelegt. Um das Potenzial der Ladelufttemperatur zur Steigerung der Leistungsdichte voll ausschöpfen zu können, müsste die Last bis an diese thermische Belastungsgrenze angehoben werden. Am Motorprüfstand lässt sich die Last aus zwei Gründen aber nicht weiter steigern. Erstens ist auch die Aufladegrenze der

---

[23] Unter Einsatz des Seriensteuergerätes wurde die darin applizierte Klopfschwelle am Prüfstand mithilfe des Indiziersystems ermittelt. Die Klopfschwelle der Serienapplikation erlaubt bei dieser Drehzahl eine Klopfamplitude von PS=5,5bar. Durch Anwendung dieses Kriteriums verdoppelt sich die zulässige Klopfamplitude.

Fremdaufladung bereits ausgeschöpft. Zweitens ist die Serienabgasturbine in Kombination mit ihrem Wastegate nicht für den erforderlichen Massenstrom ausgelegt. Der Abgasturbolader würde eine zu hohe Drosselwirkung ausüben, womöglich würde in seinem engsten Querschnitt sogar die Schallgeschwindigkeit erreicht werden, sodass eine weitere Steigerung des Gesamtmassenstroms unmöglich wäre.

7.5 Simulationsstudie zum Grenzpotenzial des Brennverfahrens

Um das Potenzial der Ladelufttemperatur $T_{nDK}=0°C$ zur Steigerung der Leistungsdichte unter Ausnutzung der Serienklopfgrenze und der in der Serie zulässigen Abgastemperatur vor Turbine ($T_{AbgvT}=1050°C$) bestimmen zu können, wird mithilfe der Motorprozess-Simulations-Software *GT-Power* der Versuchsträger als mit einer zweistufigen ATL-Aufladung ausgerüstet simuliert. Theoretische Vorbetrachtungen hatten nämlich ergeben, dass der notwendige Ladedruck für die gewünschte Spreizung des Massenstroms effektiver mit zwei Abgasturboladern darzustellen ist als mit einem Abgasturbolader und einem mechanischen Kompressor. Die Charakteristiken der dazu ausgewählten beiden Abgasturbolader sind in Abb. 76 abgebildet. Der kleinere Verdichter (blau) liefert einen ausreichend hohen Ladedruck auch schon bei geringen Massendurchsätzen, so dass ein akzeptables Low-End Torque erreicht wird. Der größere Verdichter (rot) weist dagegen mit seinen hohen Massenströmen das für den oberen Motorleistungsbereich erforderliche Luftfördervermögen auf. Zudem verfügt die größere Abgasturbine über ein genügend großes Schluckvermögen, um noch vertretbare Drosselverluste zu gewährleisten.

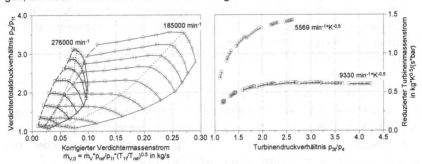

Abb. 76: Verdichterkennfeld (links) und Turbinenkennfeld (rechts) der ausgesuchten Aufladeaggregate

Die Modellierung des Brennverlaufs erfolgt im hier verwendeten Programmsystem zur Motorprozess-Simulation mittels Wiebe-Brennverlauf. Die Kenngrößen der Wiebe-Brennverläufe (MFB50, Brenndauer und Formparameter) wurden aus Zylinder-druckverläufen mithilfe der thermodynamischen Druckverlaufsanalyse ermittelt[24].

Der zulässige maximale Zylinderdruck entspricht den am Prüfstand ermittelten Grenzwerten unter Einhaltung der Klopfgrenze aus der Serienapplikation. Das Luft-verhältnis für die Variante der zweistufigen Aufladung entspricht den Werten der Prüfstandsversuche, Abb. 77.

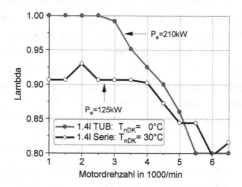

Abb. 77: Luftverhältnis in Abhängigkeit von der Motordrehzahl für die Serienapplikation und die leistungsgesteigerte Variante

Unter Ausnutzung der zulässigen thermischen Turbinenbelastung und Steigerung des maximalen Zylinderdrucks bis zum Erreichen der Klopfgrenze ergibt die Simula-tion bei einer Ladelufttemperatur von $T_{nDK}=0°C$ bei diesem Brennverfahren eine Leistungsdichte von bis zu 151kW/l, Abb. 78. Dies entspricht einer Nennleistung von 210kW bei einer Drehzahl von n=6000min^{-1}.

Mithilfe der zweistufigen Abgasturboaufladung ist zudem das maximale Volllast-drehmoment über einen weiten Drehzahlbereich abrufbar, was auch als eine soge-nannte Büffelcharakteristik des Drehmomentverlaufs bezeichnet wird. Die Aufladung mittels mechanischen Kompressors der Serienapplikation kann lediglich bei der nied-rigsten Drehzahl von n=1000min^{-1} einen Lastvorteil erzielen.

---

[24] Die Wiebe-Brennverläufe zu den Betriebspunkten, die aufgrund ihrer Last nicht mit dem Versuchs-träger am Motorprüfstand vorher ermittelt werden konnten, basieren auf den Ergebnissen aus den Abschnitten 7.3.1 und 7.3.2. Während der Verbrennungsschwerpunkt variabel bleibt, werden die Brenndauer und der Formparameter jeweils dem gemessenen Betriebspunkt mit der höchsten Last bei der jeweiligen Drehzahl entnommen.

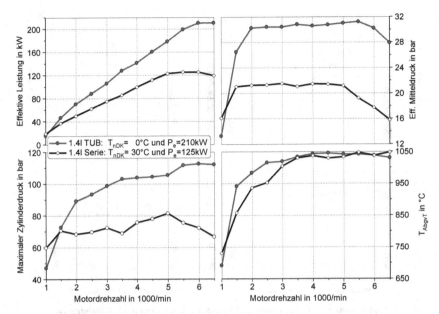

Abb. 78: Simulation des Grenzpotenzials der Ladelufttemperatur $T_{nDK}=0°C$ zur Steigerung der Leistungsdichte im Vergleich zur Serienapplikation

7.6 Zwischenergebnis

Die vorangegangenen experimentellen Versuche zur Bestimmung der Erhöhung der Leistungsdichte durch Absenkung der Ladelufttemperatur wurden bei der Drehzahl $n=5500min^{-1}$ durchgeführt. In der Simulation wird bei dieser Drehzahl eine effektive Leistung von $P_e=200kW$ erzielt, was einer Leistungsdichte von $144kW/l$ entspricht.

Werden die Resultate der Prüfstandsversuche durch die Ergebnisse der Motorprozess-Simulation ergänzt (Abb. 79), zeigt sich, dass unter Ausnutzung der thermischen Turbinenbelastung und Steigerung des Spitzendrucks bis zur Klopfgrenze bei einer Ladelufttemperatur von $T_{nDK}=0°C$ ein indizierter Mitteldruck von fast $p_{mi}=35bar$ potenziell seitens des Brennverfahrens realisierbar wäre.

Zusammenfassend lässt sich sagen, dass eine sehr niedrige Ladelufttemperatur ($T_{nDK}=0°C$) die Klopfgrenze hin zu hohen max. Zylinderdrücken verschiebt. Dadurch lässt sich prinzipiell eine Literleistung ($151kW/l$) darstellen, die sowohl den heutigen Serienstand als auch die für die absehbare Zukunft prognostizierten Literleistungen übertrifft, siehe Abb. 12.

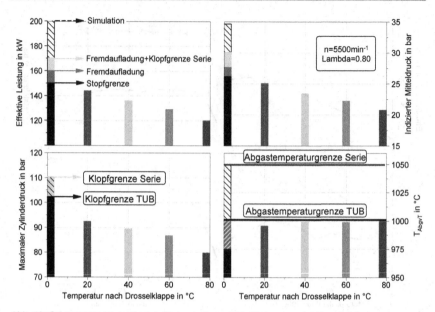

Abb. 79: Grenzpotenzial der Ladelufttemperatur auf die Steigerung der Nennleistungsdichte

8 Potenzial der Ladeluftkühlung mittels Pkw-Klimaanlage

Die Darlegungen in den vorangegangenen Kapiteln zeigen, dass eine niedrige Ladelufttemperatur den Wirkungsgrad des Ottomotors verbessern und seine Leistungsdichte erhöhen kann. Aktuell in Serie verwendete Ladeluftkühlersysteme können nur im theoretischen Bestfall die Temperatur der Ladeluft bis auf die Umgebungstemperatur absenken. Um die Ladeluft unter realen Bedingungen auf Werte sogar noch unterhalb der Umgebungstemperatur kühlen zu können, wird ein Kühlmedium mit einer entsprechend niedrigeren Temperatur am Ladeluftkühlereintritt benötigt. Mithilfe einer Pkw-Klimaanlage ließe sich solch ein Kühlmedium darstellen.

Das Potenzial der Ladeluftkühlung mittels Pkw-Klimaanlage soll in exemplarischer Anwendung auf den Versuchsträger anhand folgender Kriterien quantifiziert werden:

(1) Break-Even-Lastlinie, ab der der Einsatz des Klimakompressors zur Ladeluftkühlung den effektiven Wirkungsgrad des Motors steigern kann

(2) Mögliche Steigerung des effektiven Volllastdrehmoments

Die Pkw-Klimaanlage ist in ihren aktuellen Serienanwendungen eine für die Ladeluftkühlung praktisch ungenutzte Kältequelle. Sie besteht aus den Komponenten Verdampfer, Kondensator, Expansionsventil und Klimakompressor (Abb. 80). Die maximal zulässige Wärmeabfuhr aus dem Klimaanlagenkreis ist im Gesamtfahrzeug-Wärmemanagement bereits berücksichtigt. Die Leistung eines Pkw-Klimakompressors ist nämlich jeweils für den Fall dimensioniert, dass er bei unterer Motorleerlaufdrehzahl und innerhalb einer vorgegebenen Zeit die Fahrzeugkabine auf eine gewünschte Temperatur abkühlen kann. Daher besteht nach erfolgter Abkühlung noch ein erheblicher, bisher ungenutzter Leistungsüberschuss [8], der für die Ladeluftkühlung genutzt werden könnte. Dadurch ließe sich die Ladelufttemperatur in einem weiten Betriebsbereich von der Umgebungstemperatur entkoppeln.

Erfolgreich in Serie wurde die Ladeluftkühlung mittels Klimaanlage bereits im Ford-Modell F150 der Baujahre 2003 und 2004 eingesetzt. Bei diesem Fahrzeug wurde durch die Klimaanlage ein Kältemittelspeicher vortemperiert, dessen Kältemenge für einen *Boostbetrieb* über 45s reichte. Während dieser „Boostphase" stand dem Fahrer eine zusätzliche Motorleistung von 37kW zur Verfügung, was einer Leistungssteigerung um 10% gegenüber der Nennleistung außerhalb der „Boostphase" entspricht. Zusätzlich zum Klimakompressor waren folgende Komponenten verbaut: Verdampfer, Expansionsventil und Kältespeicher.

Guhr [34] stellt für einen Dreizylinder-Forschungsmotor auch ein Konzept mit Kühl-mittelspeicher vor. Bei diesem Konzept steht jeweils genügend vortemperiertes Kühlmittel bereit, um bei dynamischer Lastanforderung an den Motor den Klimakom-pressor auskuppeln zu können, wodurch die Dynamik des Motors nochmals verbes-sert werden kann. Eigene experimentelle Versuche [58] für einen vergleichbaren Versuchsträger bestätigen das grundsätzliche Potenzial. Es wurde allerdings auch festgestellt, dass die Verwendung eines weiteren Kühlmittelkreises zwischen Ladeluft und Klimaanlagenkreis zusätzliche Wärmeübertragungsverluste verursacht und ei-nen größeren Aufwand an Bauraum und Gewicht für das Package darstellt. Daher wird im Folgenden ein Konzept untersucht, welches die Ladeluftkühlung direkt im Verdampfer des Klimakreises vorsieht.

8.1　Konzept der Ladeluftkühlung mittels der Pkw-Klimaanlage

Eine Ladelufttemperaturabsenkung auf unter $T_{nDK}=0°C$ ist aufgrund drohender Verei-sung des Ladeluftkühlers bei Wasserausfall wenig sinnvoll. Daher sollte der Einsatz der Klimaanlage nur bei entsprechend geeigneten Umgebungsbedingungen erfolgen. Liegt nämlich die Umgebungstemperatur bereits in der Nähe des Gefrierpunkts für Wasser können auch gewöhnliche Ladeluftkühlersysteme schon eine ausreichend tiefe Ladelufttemperatur generieren. Deshalb kann der Einsatz der Klimaanlage nur dann sinnvoll sein, wenn die Umgebungstemperatur so hoch liegt, dass gewöhnliche Ladeluftkühlersysteme nur eine Ladelufttemperatur bereitstellen können, die für den Motorbetrieb in der Hochlast nicht effizient ist.

Der Fahrzeuginnenraum wird in der Regel spätestens[25] ab einer Umgebungstempe-ratur von $T_{Umg}=25°C$ mittels der Klimaanlage temperiert. Ab dieser Umgebungstem-peratur sind bei in Serie befindlichen Ladeluftkühlersystemen mit den üblichen Wärmeübertragerwirkungsgraden stationäre Ladelufttemperaturen von $T_{nDK}\approx40°C$ zu erwarten, was bereits den Einsatz der Klimaanlage zur weiteren Ladeluftkühlung rechtfertigen könnte. Daher kann davon ausgegangen werden, dass die Klimaanlage aus Komfortgründen ohnehin eingeschaltet ist, wenn aufgrund der vorliegenden Umgebungstemperatur eine zusätzliche Ladeluftkühlung mittels der Klimaanlage sinnvoll wäre.

Um das Potenzial der Ladeluftkühlung mittels Klimaanlage effizient nutzen zu kön-nen, sollten bei dem einzusetzenden Ladeluftkühlersystem die luftseitigen Druckver-luste möglichst gering sein. Die der Ladeluft entzogene Wärme wird über das

---

[25] Es kann allerdings davon ausgegangen werden, dass der Fahrer die Klimaanlage auch bei niedrige-ren Temperaturen z. B. zur Entfeuchtung der Luft nutzt und damit ein Beschlagen der Fahrgastraum-Verglasung verhindert.

Kältemittel[26] in den Klimaanlagenkreis eingetragen. Daher gilt es, diese Wärmeübertragung mit dem bestmöglichen Wärmeübertragungswirkungsrad zu realisieren. Hilfreich ist dabei, dass im Verdampfer ein Phasenübergang des Kältemittels stattfindet. Für diesen Phasenübergang muss die relativ große Verdampfungsenthalpie aufgebracht werden. Deshalb ist eine hohe Wärmeleistungsdichte im Verdampfer möglich. Dadurch könnte trotz kompakter Bauweise gleichzeitig der Luftpfad strömungsgünstig gestaltet werden, wodurch die luftseitigen Druckverluste geringer als bei bisher eingesetzten Ladeluftkühlern wären. Aus diesem Grund ist es sinnvoll, den Verdampfer direkt in den Luftpfad zu integrieren, Abb. 80. Um die in den Klimaanlagenkreis zu überführende Wärme möglichst gering zu halten, bietet sich eine Ladeluftkühlung in zwei Stufen an. Hierbei wird in einer ersten Stufe (LLK in Abb. 80) die Ladeluft über einen herkömmlichen Ladeluftkühler bis auf den über die Umgebungslufttemperatur möglichen Wert heruntergekühlt. In dem nachgeschalteten Ladeluftkühler bzw. Kältemittelverdampfer (VD) wird dann die Ladeluft auf die am Motoreintritt gewünschte Ladelufttemperatur abgekühlt. Wird der Kältemittelverdampfer nach außen wärmeisoliert ausgeführt und luftseitig mit einem Bypass versehen, bietet es sich an, den Verdampfer bei eingeschalteter Klimaanlage vorzutemperieren. Bei dynamischer Lastanforderung könnte so durch Schließen des Bypasses unverzüglich die Dichte der Ladeluft erhöht werden, was sich auch positiv auf das Ansprechverhalten der Abgasturboaufladung auswirken würde.

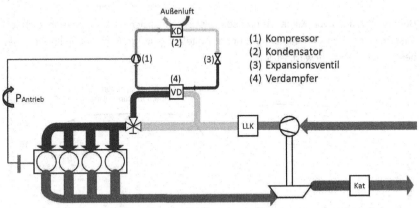

(1) Kompressor
(2) Kondensator
(3) Expansionsventil
(4) Verdampfer

Abb. 80: Konzept der Ladeluftkühlung mittels Pkw-Klimaanlage

Insbesondere für Länder mit heißen Klimazonen könnte die Ladeluftkühlung mittels Klimaanlage eine vielversprechende Methode zur Wirkungsgradverbesserung und Leistungssteigerung von dort betriebenen Pkw-Motoren darstellen. Zudem würden

---

[26] Das aktuell praktisch in allen Pkw-Klimaanlagen eingesetzte Kältemittel ist *R134a*.

niedrigere Ladelufttemperaturen eine bessere Verträglichkeit gegenüber Kraftstoffen geringerer Oktanzahl bieten. Als ergänzende Komponente würde lediglich der zur Ladeluftkühlung verwendete Verdampfer benötigt. Durch den zusätzlichen Einsatz eines regelbaren Expansionsventils könnte zudem die Verdampfungstemperatur variiert werden.

Betriebsverhalten des Klimakompressors

Um den Kältemittelstrom im Klimaanlagenkreis auf einem bestimmten Temperaturniveau zu halten, muss vom Klimakompressor Verdichtungsarbeit in das System eingebracht werden. Aktuell in Serie werden nahezu ausschließlich mechanisch angetriebene Klimakompressoren verwendet. Der in der vorliegenden Arbeit als Versuchsträger verwendete Motor ist im serienmäßigen Fahrzeugeinsatz mit dem in Tab. 8 spezifizierten Klimakompressor ausgerüstet.

Tab. 8: Spezifikation des verwendeten Klimakompressors *Sanden PXE16*

Merkmal	Wert
Bauart	Axialkolbenpumpe
Zylinderzahl	7
Höchstdrehzahl	$8500min^{-1}$
Hubvolumen	$4.9\text{-}163cm^{3}$
Sonstiges	Hubverstellung durch Taumelscheibe
Kältemittel	R134a

Betriebsverhalten von Klimakompressoren ist grundsätzlich dadurch gekennzeichnet, dass bei niedrigen Drehzahlen und hoher Kältelast resp. großem Verdichter-Hub der beste COP[27] erreicht wird, Abb. 81.

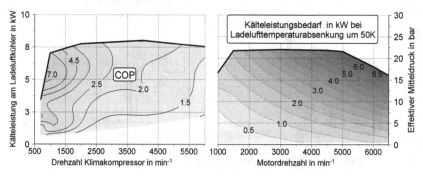

Abb. 81: Durch den Klimakompressor bereitgestelltes Kälteleistungsangebot am Verdampfer (links) und Kälteleistungsbedarf des Versuchsträgers (rechts) bei Ladeluftkühlung um 50K

---

[27] Der COP (coefficient of performance) entspricht dem Verhältnis von abgegebener Kälteleistung zu aufgenommener Antriebsleistung.

Die Forderung nach schneller Fahrgastraumabkühlung verlangt nach einer Dimensionierung des Klimakompressors in einer Höhe, die dazu führt, dass nach erfolgter Abkühlung des Innenraums eine überschüssige Kälteleistung zur Verfügung steht. Diese Kälteleistung wäre ausreichend, um die Ladeluft des Versuchsträgers (Serienstand) selbst im Nennleistungspunkt (P_e=125kW) um mindestens 50K abzukühlen.

Aufgrund des hohen Treibhauspotenzials des bislang von den Fahrzeugherstellern überwiegend eingesetzten Kältemittels R134a werden derzeit alternative Kältemittel diskutiert, Tab. 9.

Tab. 9: Spezifikation von relevanten Kältemitteln für die Pkw-Klimaanlage [116]

Merkmal	R134a	R1234yf	R744
Chemische Summenformel	$C_2H_2F_4$	$C_3H_2F_4$	CO_2
Spez. Verdampfungsenthalpie bei 0°C in kJ/kg	198.6	163.3	230.9
Volumetrische Kälteleistung bei 0°C MJ/m³	2.87	2.88	22.5
Siededruck bei 0°C in bar	2.93	3.16	34.85
Dichte in kg/m³ bei 0°C und 1bar	4.62	5.18	1.95
Treibhauspotenzial	1430	4.4	1

R1234yf hat ähnliche thermodynamische Eigenschaften wie R134a. Daher könnte dieses Kältemittel bei nahezu unverändertem Package eingesetzt werden. Bei Verwendung des Kältemittels R744 (CO_2) verschiebt sich das Druckniveau des Klimaanlagenkreises hin zu höheren Drücken. Im Hochdruckteil werden dann Drücke von über 100bar erreicht. Aufgrund der höheren Belastung müssen die entsprechenden Komponenten stärker dimensioniert werden, wodurch die Systemkosten etwas steigen. Ein Klimaanlagenkreis mit R744 weist gegenüber R134a und R1234yf eine höhere volumetrische Leistungsdichte und einen besseren COP auf [43]. Daher genügt bei konstanter Kälteleistung ein Kompressor mit geringerem Hubvolumen[28] bzw. sind bei konstantem Hubvolumen des Kompressors deutlich höhere Kälteleistungen darstellbar.

Ein weiterer Vorteil von R744 gegenüber den anderen beiden Kältemitteln ist seine sehr hohe Temperaturbeständigkeit. Deshalb wäre dieses Kältemittel für den Einsatz in einer durch Abgasenergie angetriebenen Kälteanlage geeignet. Da diese kaum mechanische Antriebsenergie benötigt, könnte das Potenzial der niedrigen Ladelufttemperatur auf die Erhöhung von Motorwirkungsgrad und Leistungsdichte ausgeschöpft werden [55].

---

[28] Bei konstanter Kälteleistung sinkt das benötigte Hubvolumen auf 20% [Hei05].

Minimale Ladelufttemperatur durch Ladeluftkühlung mit der Pkw-Klimaanlage

Die erreichbare untere Ladelufttemperatur durch Ladeluftkühlung mittels der Pkw-Klimaanlage hängt bei konstantem Wärmeübertragungswirkungsgrad des Verdampfers nur von der Verdampfungstemperatur des Kältemittels ab. Diese ist abhängig vom Druck des Kältemittels am Verdampfereintritt. Dieser Verdampfungsdruck wird über ein am Verdampfereintritt befindliches Drosselorgan, das sogenannte Expansionsventil, eingestellt, Abb. 82.

Um Vereisungen des Verdampfers während der Luftkühlung durch aus der Luft auskondensiertes Wasser zu unterbinden, werden in der Regel Verdampfungstemperaturen von T=2-4°C eingestellt. Werden die luftführenden Leitungen nach dem Verdampfer thermisch isoliert, sind Ladelufttemperaturen kurz nach der Drosselklappe von ca. T_{nDK}=10°C realisierbar.

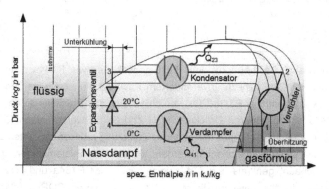

Abb. 82: Schema des Klimaanlagenprozesses Im Druck-Enthalpie-Diagramm für R134a

Um sicherzustellen, dass auch unter ungünstigen Bedingungen das Kältemittel gasförmig in den Verdichter einströmt, wird das Kältemittel über das Nassdampfgebiet hinaus überhitzt. Die Enthalpiedifferenz zwischen dem Verdampfungs- und Kondensationsdruckniveau wird anschließend vom Verdichter aufgebracht. Das gasförmige Kältemittel wird im Kondensator verflüssigt. Die Unterkühlung des Kältemittels über die Grenzen des Nassdampfgebiets hinaus gewährleistet, dass das Kältemittel flüssig in den Verdampfer einströmt. Dadurch kann die Verdampfungsenthalpie vollständig zur Wärmeübertragung genutzt werden.

R134a verfügt über die thermodynamische Eigenschaft, dass bei abfallenden Verdampfungsdrücken bzw. niedrigen Verdampfungstemperaturen die Grenze zwischen Gas- und Nassdampfgebiet sich in Richtung geringerer spezifischer Enthalpie verschiebt. Dadurch sinkt, bei sonst gleichen Randbedingungen[29], die am Verdampfer abrufbare Kälteleistung und der COP des Klimaanlagenkreislaufes nimmt ab. Soll beispielsweise statt $T_{nDK}=10°C$ eine Ladelufttemperatur von $T_{nDK}=20°C$ realisiert werden, könnten, bei sonst gleichen Randbedingungen, durch Anheben der Verdampfungstemperatur die verfügbare Kälteleistung und der Wirkungsgrad des Kälteprozesses signifikant verbessert werden. Mit einem variablen Expansionsventil wären grundsätzlich variable Verdampfungstemperaturen darstellbar. Zudem ließen sich in einem Klimaanlagensystem unterschiedliche Temperaturen für die Ladeluftkühlung und Innenraumklimatisierung realisieren.

8.2 Berechnung des Potenzials der Ladeluftkühlung mittels Pkw-Klimaanlage

Um das Potenzial der Ladeluftkühlung mittels der Pkw-Klimaanlage ermitteln zu können, sind zwei Grenz-Ladelufttemperaturen festzulegen, die für beide Fälle, die Ladeluftkühlung mit und ohne Klimaanlage, gelten. Die obere Ladelufttemperatur soll einen für die gewöhnliche Ladeluftkühlung ungünstigen Zustand repräsentieren, sie wurde mit $T_{nDK}=60°C$ festgelegt. Ausgehend von den Überlegungen des vorangegangenen Abschnitts wurde als untere Ladelufttemperatur $T_{nDK}=10°C$ gewählt.

Es wird zunächst die untere Lastgrenze (Break-Even Lastlinie) bestimmt, ab der sich der Einsatz des Klimakompressors zur Ladeluftkühlung positiv auf den effektiven Motorwirkungsgrades auswirkt. Anschließend wird das Potenzial der Ladeluftkühlung mittels Klimaanlage zur Steigerung der Leistungsdichte des Versuchsträgers bestimmt.

Die Untersuchungen wurden mit der Motorprozess-Simulation GT-Power durchgeführt und dazu wird ein Motormodell mit einem Klimaanlagenmodell gekoppelt. Beide Modelle wurden zuvor jeweils mit am Prüfstand vermessenen Betriebspunkten validiert. Um möglichst realistische Berechnungen zu gewährleisten, wurde derjenige Klimakompressortyp modelliert, der tatsächlich zusammen mit dem Motor vom OEM ausgerüstet wird (siehe Tab. 8). Die Verbrennung wird mit Wiebe-Ersatzbrennverläufen modelliert. Diese wurde durch Brennverlaufseinpassung aus am Prüfstand gemessenen Betriebspunkten und thermodynamisch analysierten Druckverläufen bestimmt.

---

[29] Konstanter Kondensationsdruck und gleich bleibenden Temperaturdifferenzen für Unterkühlung und Überhitzung.

8.2.1 Break-Even-Lastlinie im Motorkennfeld und Wirkungsgradverbesserung bei konstanter Volllast

Mit einer von $T_{nDK}=60°C$ auf $10°C$ gesenkten Ladelufttemperatur können unter Einhaltung der Betriebsgrenzen ($T_{AbgvT}=1000°C$, $p_{Zmax}=80bar$, Klopfgrenze) der Verbrennungsschwerpunkt wirkungsgradgünstiger eingestellt und die Gemischanreicherung ($\lambda<1$) reduziert werden, Abb. 83.

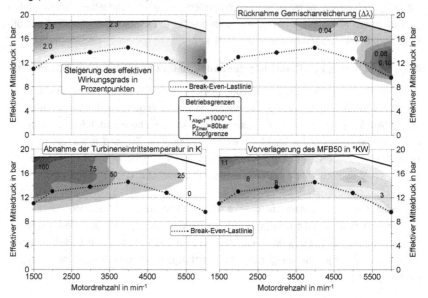

Abb. 83: Wirkungsgradverbesserung durch Ladeluftkühlung mit Pkw-Klimaanlage und Break-Even Lastlinie im Motorkennfeld bei einer Ladelufttemperaturabsenkung von $T_{nDK}=60°C$ auf $10°C$

Dadurch werden folgende Ergebnisse realisiert:

• Der Verlauf der Break-Even-Lastlinie im Motorkennfeld, also der Linie, oberhalb der die Ladeluftkühlung mittels Pkw-Klimakompressor den Motorwirkungsgrad erhöht, ist abhängig von der Drehzahl. Bei der dargestellten untersten Drehzahl $n=1500min^{-1}$ kann allein durch Vorverlagerung des Verbrennungsschwerpunkts das Antriebsmoment des Klimakompressors bereits im Bereich der Saugvolllast überkompensiert werden. Bei $n=6000min^{-1}$ wird durch Reduzierung der Gemischanreicherung in Kombination mit Vorverlagerung des Verbrennungsschwerpunkts der Break-Even Lastpunkt schon bei einem effektiven Mitteldruck von $p_{me}=9.5bar$ erreicht.

- Durch Vorverlagerung des Verbrennungsschwerpunkts und Verringerung der Gemischanreicherung kann ausgehend von der Break-Even-Lastlinie hin zur Volllastlinie der Wirkungsgrad im gesamten Drehzahlbereich signifikant verbessert werden. Im unteren Drehzahlbereich wird allein durch Vorverlagerung des Verbrennungsschwerpunkts eine Verbesserung des effektiven Wirkungsgrads um bis zu zweieinhalb Prozentpunkten ermöglicht. Die Abgastemperatur vor Turbine wird zusätzlich um bis zu 100K verringert. Im Hochdrehzahlbereich wird vornehmlich durch Reduzierung der Gemischanreicherung eine Wirkungsgradverbesserung von bis zu 2.8 Prozentpunkten erreicht.

8.2.2 Steigerung von Low-End Torque, Volllastniveau und Nennleistung

Um das volle Potenzial der Ladeluftkühlung mittels Klimaanlage zur Steigerung der Leistungsdichte ermitteln zu können, wird analog zu Abschn. 7.4 die Begrenzung des maximalen Zylinderdrucks aufgehoben. Als Betriebsgrenzen verbleiben dann lediglich die Klopfgrenze und die maximal zulässige Abgastemperatur vor Turbine (T_{Ab-gvT}=1000°C). Das Luftverhältnis ist unabhängig von der Ladelufttemperatur, Abb. 84 (unten rechts).

Ergebnisse:

- Der höchste Zuwachs im effektiven Mitteldruck (28%) wird bei den Drehzahlen n=1500min^{-1} und 2000min^{-1} erzielt. Die Abgastemperatur vor Turbine liegt bei diesen beiden Drehzahlen unterhalb der zulässigen Grenze von T_{Ab-gvT}=1000°C. Aufgrund des Erreichens der maximalen Luftfördermenge der beiden Aufladeaggregate (ATL und mechanische Aufladung) des Versuchsträgers konnte weder im Prüfstandsversuch (Abschn. 7.3.1) noch in der Simulation das Potenzial der Ladelufttemperaturabsenkung zur Steigerung des Low-End Torque voll ausgeschöpft werden, was unter Verwendung entsprechend ausgelegter Aufladeaggregate und unter Ausnutzung der der thermischen Belastungsgrenze möglich wäre (s. Abschn. 7.5).
- Bei den Drehzahlen n=3500min^{-1} und n=4500min^{-1} ermöglicht die Ladelufttemperaturabsenkung auf T_{nDK}=10°C eine Steigerung der Leistungsdichte um 21% bzw. 20%. Da dabei due Verbrennungsschwerpunkte nur moderat (ΔMFB50=1°KW) in Richtung früh verlagert werden, resultiert die Steigerung der Leistungsdichte im Wesentlichen aus der Verschiebung der Klopfgrenze hin zu höherem maximalen Zylinderdruck.

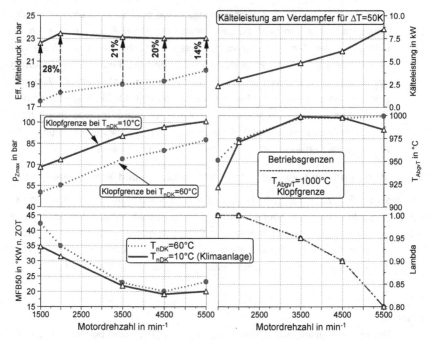

Abb. 84: Erhöhung des Low-End Torque, der Volllast und der Nennleistung

- Die Leistungsdichte bei Nenndrehzahl (n=5500min^{-1}) kann um 14% gesteigert werden, wobei die thermische Turbinenbelastung nicht ausgeschöpft wird. (s. Abschn. 7.4.2). Würde über die Stopfgrenze hinaus Luftmenge in den Zylinder gelangen, könnte durch eine Verlagerung des Verbrennungsschwerpunkts in Richtung spät und unter Ausnutzung der thermischen Belastungsgrenze die Leistungsdichte noch weiter gesteigert werden.

- Der indizierte Wirkungsgrad des Motors (Abb. 85 rechts) kann über den gesamten betrachteten Drehzahlbereich erhöht werden. Insbesondere bei niedrigen Drehzahlen (n=1500min^{-1} und n=3500min^{-1}) wirkt sich die, durch Ladelufttemperaturabsenkung um 50K ermöglichte, Vorverlegung des Verbrennungsschwerpunkts (s. Abb. 84 unten links) positiv auf den indizierten Wirkungsgrad aus. Daher kann bei n=1500min-1 und n=2500min-1 der effektive Wirkungsgrad (Abb. 85links), trotz der vom Motor aufzubringenden Leistung zum Antrieb des Pkw-Klimakompressors, gesteigert werden.

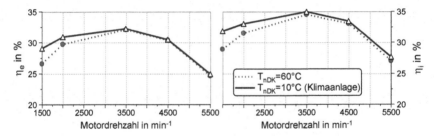

Abb. 85: Effektiver (links) und indizierter Wirkungsgrad (rechts) Wirkungsgrad bei Erhöhung der Last mittels um 50K intensivierte Ladeluftkühlung durch die Pkw-Klimaanlage

Durch den Einsatz der Klimaanlage zur zusätzlichen Ladeluftkühlung auf T_{nDK}=10°C kann die effektive Leistungsdichte des Versuchsträgers auf 105kW/l gesteigert werden. Die spezifische[30] Antriebsleistung der Klimaanlage beträgt in diesem Nennleistungspunkt 2.8kW/l.

Diese Untersuchungen zeigen, dass die Ladeluftkühlung mittels der Pkw-Klimaanlage es grundsätzlich ermöglicht, die Ladelufttemperatur als zusätzlichen Freiheitsgrad bei der verbrennungsseitigen Auslegung von Ottomotoren zu betrachten.

---

[30] Bezogen auf den Hubraum des Motor-Versuchsträgers.

9 Brennverlaufsvoraussage für aufgeladene Ottomotoren

In diesem Kapitel soll analysiert werden, inwieweit der ermittelte Einfluss der Ladelufttemperatur auf die Verschiebung der Motorbetriebsgrenzen hin zu höheren Lasten bereits bei der Auslegung von Ottomotoren berücksichtigt werden könnte. Dazu soll die Leistungsfähigkeit relevanter Ansätze zur Brennverlaufsvoraussage im Hinblick auf deren Vorhersagegüte von Brennverlauf und Motorbetriebsgrenzen des Versuchsträgers untersucht werden. Die verlässliche Abschätzung der Verbrennung steht dabei im Fokus. Die aus der Literatur und Forschung bekannten empirischen und phänomenologischen Ansätze zur Brennverlaufsvorausberechnung werden vergleichend bewertet. Beurteilt wird die Güte der Brennverlaufsvoraussage anhand des Verbrennungsschwerpunkts und der Brenndauer zwischen dem 10%- und 90%-Umsatzpunkt sowie die Fähigkeit, die Abgastemperatur vor Turbine und den maximalen Zylinderdruck ausreichend genau vorauszusagen. Ein eigener Ansatz, den Brennverlauf und diese Betriebsgrenzen vorauszusagen, wird vorgestellt.

Bei der verbrennungsseitigen Auslegung von Ottomotoren gilt es, unter Einhaltung wesentlicher Motorbetriebsgrenzen (Klopfgrenze, maximaler Zylinderdruck, thermische Belastung), den Wirkungsgrad und die Leistungsdichte zu optimieren. Die Motorprozess-Simulation wird dabei als zeit- und kosteneffizientes Werkzeug eingesetzt. Eine verlässliche Bestimmung der thermodynamischen Motorbetriebsgrenzen mithilfe der Motorprozess-Simulation hängt entscheidend von der Güte der Brennverlaufsmodellierung ab. Liegen zum Zeitpunkt des Einsatzes der Motorprozess-Simulation zum betrachteten Motor (noch) keine belastbaren Brennverläufe aus thermodynamisch ausgewerteten Prüfstandsmessungen, insbesondere Zylinderdruckindizierungen vor, kann der Brennverlauf mittels Modellen zur Brennverlaufsvoraus- bzw. -umrechnung[31] bestimmt werden.

Modelle zur Brennverlaufsvoraussage werden hinsichtlich ihrer Dimensionalität in null-, quasi-, und dreidimensionale Modelle unterschieden. Dreidimensionale Modelle versprechen die höchste Modellierungstiefe. Grundlage dieser Modellklasse sind stets detaillierte CFD-Berechnungen der Ladungsbewegung, welche die genaue Kenntnis der Geometrie des Zylinders, des Einlasskanals und auch der Ventile voraussetzen. Soll weiter die Verbrennung mittels Reaktionskinetik abgebildet werden, ist bei aktuell verfügbaren Prozessorleistungen ein beachtlicher Rechenaufwand

---

[31] Die Brennverlaufsumrechnung rechnet den Brennverlauf eines bekannten bzw. Referenz-Betriebspunkts auf den Brennverlauf eines anderen Betriebspunkts um. Das heißt, es wird stets die Kenntnis eines Referenzbrennverlaufs benötigt. Die Brennverlaufsvorausberechnung bestimmt den Brennverlauf ohne die Vorgabe eines Referenzbrennverlaufs.

notwendig. In einer frühen Konzeptphase der Motorauslegung, d.h. ohne bereits festgelegte Motor-Geometrie, ist daher der Einsatz solcher CFD-basierter Verfahren nicht zielführend. Deswegen werden in der Auslegungsphase eines Motors für eine grundsätzliche thermodynamische Beurteilung der Motorbetriebsgrenzen in der Regel auch bei dreidimensionalen Ansätzen zur Berechnung der zylinderinternen Zustandsänderungen für die Brennverlaufsvoraussage null- oder quasidimensionale Modelle verwendet. Entsprechend werden nachfolgend auch nur nulldimensionale empirische Polynomansätze und quasi-dimensionale phänomenologische Modelle vergleichend betrachtet.

Zu den nulldimensionalen Modellen zählt auch die Brennverlaufsvorausberechnung mittels *Neuronaler Netze*. Sie werden mit bekannten Paaren von Eingangs- und Ausgangsgrößen trainiert und funktionieren grundsätzlich nach dem Black-Box-Prinzip, das heißt, sie beschreiben den Einfluss der Eingangsgrößen auf die Ausgangsgrößen, ohne jedoch den physikalischen Wirkzusammenhang aufzuzeigen. Daher ist der Einfluss eines einzelnen Eingangsparameters auf die Ausgangsgrößen nicht ersichtlich. Ein Vorteil von *Neuronalen Netzen* ist allerdings, dass sie diskrete Formen von Brennverläufen darstellen können, wodurch sie sehr anpassungsfähig sind. Miersch [75] zeigt, dass Brennverläufe aus *Neuronalen Netzen* beispielsweise den Ausbrand exakter modellieren können als der Wiebe-Brennverlauf. *Neuronale Netze* erfordern ein Netztraining mit einer möglichst hohen Anzahl von Messdaten des zu simulierenden Motors. Die Extrapolation und die Übertragbarkeit von *Neuronalen Netzen* auf andere Motoren sind im Allgemeinen nicht gegeben. Daher werden Neuronale Netze in dieser Arbeit nicht weiter betrachtet.

9.1 Empirische Ansätze

Die untersuchten empirischen Ansätze rechnen den Wiebe-Brennverlauf eines bekannten bzw. als Referenz dienenden Betriebspunkts auf einen anderen Betriebspunkt um, dessen (Wiebe-)Brennverlauf unbekannt ist. Diese Methodik basiert auf der Arbeit von *Woschni* und *Anisits* [127], die 1973 eine Brennverlaufsumrechnung für Dieselmotoren veröffentlichten. Der grundlegende Gedanke hierbei ist, dass Motorbetriebsparameter unabhängig voneinander den Brennverlauf beeinflussen. Daher kann der Gesamteinfluss auf den Brennverlauf bestimmt werden, indem die Einzeleinflüsse der Motorbetriebsparameter miteinander multipliziert werden. Die einzelnen Einflüsse von Motorbetriebsparametern werden durch entsprechende Motorversuche am Prüfstand ermittelt.

Die in dieser Arbeit untersuchten empirischen Ansätze basieren, außer *Neugebauer* (additiver Ansatz), auf diesem multiplikativen Ansatz.

9.1.1 Csallner (1981)

Csallner [16] hat die Methode von *Woschni/Anisits* erstmals auf den Ottomotor übertragen. Anhand von Versuchen mit zwei verschiedenen Versuchsträgern, Tab.
10, definierte er Umrechnungsvorschriften für die Änderung von Brenndauer, Brennbeginn[32] und Formparameter. Die Umrechnungsvorschriften liegen normiert vor, so
dass ein beliebiger neuer Referenzpunkt verwendet werden kann. Dadurch wird
grundsätzlich die Übertragbarkeit auf andere Motoren ermöglicht.

Tab. 10: Variationsbereich der Betriebsparameter Motordaten (Csallner)

Variationsbereich	BMW 2000 tii	MTU MB 331	Motordaten	BMW 2000 tii	MTU MB 331
Drehzahl in min^{-1}	1000 - 4500	1000 - 2000	Hubvolumen in dm^3	0.50	3.314
p_{me} in bar	4 - 9	4 - 8	Zylinderzahl	4	1
m_l in g/ASP	0.24 - 0.44	1.0 - 2.7	Hub/Bohrung	0.90	0.94
Luftverhältnis (λ)	0.7 - 1.2	0.75 - 1.3	Verdichtungsverhältnis	10	9.21
ZZP in °KW v. OT	25 - 50	15 - 36.5	Ventilanzahl	2	4
Restgasgehalt in %	k. A.	6 - 10	Einspritzung	Saugrohr	
T_{Luft} in K	k. A.	320 - 388	Sonstiges	-	Gasmotor

9.1.2 Hockel (1982)

Hockel [48] untersucht Verfahren zur Laststeuerung beim Ottomotor. Das dabei entwickelte Modell zur Brennverlaufsumrechnung ist der Methode *Csallner* entlehnt. Die
Einflussgleichungen sind nicht normiert und es wird kein Verfahren zur Übertragung
auf andere Motoren angegeben. Daher werden die Ergebnisse[33] zu diesem Ansatz
im Folgenden nicht weiter aufgeführt.

9.1.3 Theissen (1989)

Theissen [107] analysiert den Restgaseinfluss auf den Teillastbetrieb beim Ottomotor. Sein Brennverlaufsumrechnungsmodell basiert auf den Ausarbeitungen von
Hockel. Dementsprechend liegt weder eine Normierung der Einflussgleichungen vor
noch wird ein Verfahren zur Anwendung bei anderen Motoren angegeben. Auch die
Ergebnisse[34] dieses Ansatzes werden nicht weiter diskutiert.

---

[32] Der Brennbeginn, bzw. Ankerpunkt der Wiebefunktion auf der Kurbelwinkelachse, bestimmt sich
aus dem Zündzeitpunkt und dem errechneten scheinbaren Zündverzug.
[33] Eine unkalibrierte Anwendung dieses Modells führt beim Versuchsträger zu nicht realistischen
Werten für die Parameter der Wiebefunktion.
[34] Analog zu *Hockel* liefert dieser Ansatz für den Versuchsträger unrealistische Werte für die Kenngrößen des Brennverlaufs.

9.1.4 Neugebauer (1996)

Neugebauer [80] untersucht die Dynamik des Kraftstoffwandfilms im Saugrohr und im Zylinder. Sein Ansatz der Brennverlaufsumrechnung ergänzt den multiplikativen Ansatz nach Csallner durch eine additive Komponente. Der Einfluss des Zündzeitpunkts auf den Brennverlauf wird addiert. Die linearen Einflussgleichungen berücksichtigen relativ wenige Parameter und sind nicht normiert. Für die Kalibrierung auf einen anderen Motor sind vier Betriebspunkte notwendig. Diese müssen bei genau zwei verschiedenen Drehzahlen und zwei unterschiedlichen Lasten vorliegen. Das Luftverhältnis und der Zündzeitpunkt müssen allerdings bei allen vier Kalibrierungspunkten konstant sein. Gerade letzteres Kriterium ist bei einer erwünschten großen Drehzahl- und Lastspreizung schwierig darstellbar, da sich bei Serienmotoren allein schon der Zündzeitpunkt in der Regel über der Last und der Drehzahl signifikant ändert. Die Kenndaten seines Versuchsträgers und der Variationsbereich der Messdaten sind in Tab. 11 dargestellt.

Tab. 11: Variationsbereich der Betriebsparameter und Motordaten (Neugebauer)

Variationsbereich	Wert	Motordaten	BMW M42B18
Drehzahl in min^{-1}	1250 - 5250	Hubvolumen (V_h) in dm^3	0.45
Saugrohrdruck in bar	0.5 - 1.0	Zylinderzahl	4
Luftverhältnis (λ)	0.9 - 1.1	Hub/Bohrung	k. A.
ZZP in °KW v. OT	11 - 35	Verdichtungsverhältnis	9.8
Restgasgehalt in %	k. A.	Ventilanzahl	4
T$_{Luft}$ in K	270 - 330	Einspritzung	Saugrohr

9.1.5 Witt (1999)

Witt [123] erforscht die Verlustteilung des Ottomotors unter Berücksichtigung vollvariabler Ventilsteuerung. Seine Vorschriften für die Brennverlaufsumrechnung ermittelte er anhand von Messungen an einem Einzylinder-Triebwerk, Tab. 12. Der Einfluss des Luftverhältnisses bleibt unberücksichtigt. Die Gleichungen sind normiert und können durch Vorgabe eines Referenzpunkts auf einen anderen Motor kalibriert werden. *Witt* unterscheidet bei seinem Modell zwischen gedrosseltem und ungedrosseltem Betrieb. Für die vorliegende Arbeit sind nur die Umrechnungsvorschriften für den gedrosselten Betrieb relevant.

Tab. 12: Variationsbereich der Betriebsparameter und Motordaten (Witt)

Variationsbereich	Wert	Motordaten	Wert
Drehzahl in min^{-1}	1000 - 4000	Hubvolumen (V_h) in dm^3	0.45
p_{mi} in bar	2 - 8	Zylinderzahl	1
Luftverhältnis (λ)	1.0	Hub/Bohrung	0.96
ZZP in °KW v. OT	17 - 57	Verdichtungsverhältnis	10.3
Restgasgehalt in %	10 - 26	Ventilanzahl	4
T_{Luft} in K	k. A.	Einspritzung	Saugrohr

9.1.6 Hoppe (2002)

Hoppe [50] untersucht die Brennverlaufsumrechnung für direkteinspritzende Ottomotoren im Homogen- und Schichtladebetrieb. Die Einflussgleichungen sind normiert und können daher auf einen anderen Motor angepasst werden. *Hoppe* betrachtet die Drallzahl als übergeordnete Einflussgröße, Tab. 13. Dadurch ist jedoch die gesamte Charakteristik der Einflussgleichungen abhängig von der Drallzahl. Die Kenntnis der Drallzahl des zu berechnenden Betriebspunkts ist daher entscheidend für das Ergebnis der Umrechnung. Dies erschwert die Anwendung der Gleichungen, da die betriebspunktabhängige Kenntnis der Drallzahl weder eine Standardmessgröße in Motorversuchen noch ein gängiges Ergebnis eindimensionaler Motorprozess-Simulation ist. In dieser Arbeit wird daher mit allen drei Drallzahlen aus Tab. 13 separat gerechnet und nur das beste Ergebnis diskutiert.

Tab. 13: Variationsbereich der Betriebsparameter und Motordaten (Hoppe)

Variationsbereich	Homogenbetrieb	Schichtladebetrieb	Motordaten	DaimlerChrysler AG (Basis M111)
Drehzahl in min^{-1}	1000 - 5000	1000 - 4000	Hubvolumen (V_h) in dm^3	0.55
Luftaufwand λ_a	0.2 - 0.9	0.3 - 0.85	Zylinderzahl	1
Luftverhältnis (λ)	0.8 - 1.4	2.1 - 7.2	Hub/Bohrung	0.96
ZZP in °KW v. OT	10 - 40	28 - 58	Verdichtungsverhältnis	10
Restgasgehalt in %	6 - 16	10 - 25	Ventilanzahl	3
Drallzahl D_C (c_u/c_a)	0.36; 1.8; 5.2	0.36 - 5.2	Einspritzung	Direkteinspritzung
T_{Luft} in K	293 - 373	293 - 373	Brennverfahren	strahlgeführt

9.1.7 Milocco (2007)

Milocco [76] analysiert die Charakteristik des Brennverlaufs bei unterschiedlichen ottomotorischen Brennverfahren, Tab. 14. Er schlägt einen modifizierten Wiebe-Brennverlauf vor, der eine genauere Brennverlaufseinpassung in der Phase des Brennbeginns und des Ausbrands ermöglicht. Dafür wird die Durchbrennfunktion in drei Abschnitte mit zwei unterschiedlichen Brenndauern unterteilt. Der von ihm spezifizierte Übergangsbereich zwischen den beiden Wiebe-Brenndauern wird mithilfe der Weibull-Wahrscheinlichkeitsfunktion modelliert.

Tab. 14: Kenndaten der Versuchsträger, alle 4 Zylinder (Milocco)

Motordaten	VW EA111	Audi EA113	VW EA111	Audi EA827
Hubvolumen (V_h) in dm^3	0.40	0.50	0.40	0.45
Hub/Bohrung	1.1	1.1	1.1	1.06
Verdichtungsverhältnis	12.2	11.5	11.6	10.0
Ventilanzahl	4	4	4	5
Einspritzung	Zylinder	Zylinder	Zylinder	Saugrohr
Gemischbildung / Brennverfahren	wandgeführt	luftgeführt	strahlgeführt	äußere

Milocco unterscheidet bei seinen Einflussgleichungen zwischen Homogen- und Schichtladebetrieb, Tab. 15. Beide Umrechnungsvorschriften liegen normiert vor und können daher auf andere Motoren übertragen werden. Für diese Arbeit sind lediglich die Gleichungen für den homogenen Betrieb relevant.

Tab. 15: Variationsbereich der Betriebsparameter (Milocco)

Variationsbereich	Homogenbetrieb	Schichtladebetrieb
Drehzahl in min^{-1}	1000-5000	1000-3000
p_{me} in bar	0.1 - 8.3	0.6 - 4.3
Luftaufwand λ_a	0.14 - 0.71	0,3 - 0.7
Luftverhältnis (λ)	0.7 - 1.4	1.1 - 2.5
ZZP in °KW v. OT	8 - 32	6 - 34
Restgasgehalt in %	0 - 29	0 - 35
T_{Luft} in K	k. A.	k. A.

9.2 Phänomenologische Ansätze

Es werden zwei verschiedene phänomenologische Ansätze, *SITurb*[35] und *QDM-Otto*[36], untersucht. Beide verwendeten Ansätze basieren auf dem Entrainment-Modell von *Blizard* und *Keck* [10]. Wichtige Annahmen in diesem Modell sind:

- Die Flammenfront breitet sich als Kugelfläche im Zylinder aus.
- Das Kraftstoff-Luftgemisch wird mit turbulenter Flammengeschwindigkeit der Verbrennungszone zugeführt.
- In der Verbrennungszone wird die Wärme des Kraftstoffs in einzelnen Turbulenzballen charakteristischer Länge freigesetzt. Die Wärmefreisetzungsgeschwindigkeit entspricht der laminaren Flammengeschwindigkeit.

Die turbulente Flammengeschwindigkeit (Gl. (2)) setzt sich aus der laminaren Geschwindigkeit und der turbulenten Schwankungsgeschwindigkeit zusammen. Die turbulente Schwankungsgeschwindigkeit ist in dieser Modellvorstellung direkt abhängig von der turbulenten kinetischen Energie. Die Bestimmung der turbulenten kineti-

---

[35] *SITurb* ist Teil des Rechenprogramms *GT-Suite* der Firma Gamma Technologies Inc.
[36] *QDM-Otto* ist ein Verbrennungsmodell des FKFS-Zylindermoduls. Das FKFS-Zylindermodul ist im Rahmen eines FVV-Vorhabens [Gri08] entstanden. Es kann in das Programm *GT-Suite* integriert werden.

schen Energie erfolgt wiederum durch einen dafür geeigneten Modellansatz. Zur Beschreibung der turbulenten kinetischen Energie benutzen beide untersuchten Verbrennungsmodelle das sogenannte kε-Modell. Die Grundüberlegung dieses Modells ist, dass die kinetische Energie in Turbulenzballen gespeichert ist. Diese Turbulenzballen dissipieren in kleinere Turbulenzballen, bis sie schließlich mit laminarer Geschwindigkeit verbrennen. Die Vorgänge, welche turbulente kinetische Energie produzieren und dissipieren werden durch weitere nulldimensionale Untermodelle approximiert. Die in dieser Arbeit verwendeten phänomenologischen Verbrennungsmodelle unterscheiden sich in der Ausführung der Untermodelle. Weitere Unterscheidungsmerkmale sind in der Modellierung der durchschnittlichen Größe der Turbulenzballen und in der laminaren Brenngeschwindigkeit zu finden. Für detaillierte Informationen zum *QDM-Otto* Modell sei auf die Arbeit von Grill [36] verwiesen. Die Ausführungen im *SITurb*-Modell sind in den Arbeiten von Morel ([78], [79], [119]) beschrieben.

9.3 Güte der Brennverlaufsvoraussage von veröffentlichten Ansätzen für den Versuchsträger

Die Güte der Brennverlaufsvoraussage wird anhand der Brennverlaufskenngrößen Brenndauer und Verbrennungsschwerpunkt und den Prozessgrößen maximaler Zylinderdruck und Abgastemperatur vor Turbine bewertet. Um die Güte der Voraussage für verschiedene Bereiche des Motorkennfeldes spezifisch bewerten zu können, wird in die Last-Kategorien *Gesamtkennfeld, Volllast, Aufgeladener Bereich* (p_{mi}>12bar) und *Saugerbereich* (p_{mi}≤12bar) unterschieden.

9.3.1 Referenzkennfelder

Referenz für den Vergleich der Brennverlaufsumrechnungsmodelle

Um die Brennverlauf-Voraussagequalität der unterschiedlichen Modellansätze miteinander vergleichen und bewerten zu können, werden von den Modellansätzen unabhängige Brennverläufe benötigt. Aus gemessenen Zylinderdruckverläufen ermittelte Brennverläufe sind dafür geeignet. Daher wurde am Motorprüfstand ein Motorkennfeld mit 75 Betriebspunkten und dazugehörigen Zylinderdruckverläufen vermessen. Anschließend wurden mittels thermodynamischer Druckverlaufsanalyse in *GT-Power* (s. Abschn. 4.2.3) daraus die zugehörigen Brennverläufe bestimmt. Um die Güte der aus dem indizierten Zylinderdruck ermittelten Brennverläufe zu bewerten, wurde mit diesen Brennverläufen in *GT-Power* das Referenzkennfeld berechnet. Dieses wurde mit dem am Prüfstand gemessenen Motorkennfeld hinsichtlich der für diese Arbeit relevanten Größen, maximaler Zylinderdruck und Abgastemperatur vor Turbine, verglichen, Abb. 86.

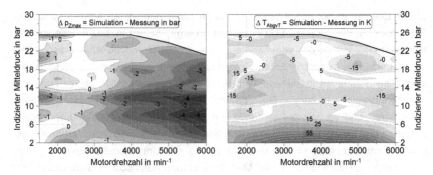

Abb. 86: Differenzkennfelder zwischen Simulation in *GT-Power* mit Brennverläufen aus TDA und Prüfstandsmessung für maximalen Zylinderdruck und Abgastemperatur vor Turbine

Der maximale Zylinderdruck und die Abgastemperatur vor Turbine werden insbesondere in dem für die Betriebsgrenzen relevanten Hochlastbereich mit hoher Genauigkeit wiedergegeben. Bei niedrigen Lasten wird die Abgastemperatur in der Simulation überschätzt. Um diesen Bereich genauer abzubilden, müsste das Wandwärmeübergangsmodell auf die Bedürfnisse der Teillast stärker angepasst werden. Dies würde allerdings zu Genauigkeitseinbußen im höherlastigen Bereich des Kennfeldes führen. Zu Gunsten einer besseren Abbildungsqualität in der Hochlast wurde daher auf eine Erhöhung des Wandwärmeübergangs verzichtet.

Referenz für die Validierung des eigenen Ansatzes (Abschn. 9.4)

Auch der eigene Ansatz zur Brennverlaufsvorausberechnung soll darin bestehen, die Wiebeparameter für nicht vermessene Betriebspunkte vorauszuberechnen. Um die Güte dieses Modells zu bewerten, wird ein Referenzkennfeld mit Wiebe-basierten Ersatzbrennverläufen benötigt. Deswegen wurden die bereits als Referenz dienenden 75 Brennverläufe des Referenzkennfeldes mithilfe der Wiebefunktion eingepasst[37]. Mit diesen Wiebe-Brennverläufen wurde in *GT-Power* ein Referenzkennfeld für den eigenen Modellansatz berechnet.

Ein Vergleich zwischen den Berechnungen des Referenzkennfeldes einmal mit Wiebe-Brennverläufen und das andere Mal mit Brennverläufen aus der thermodynamischen Druckverlaufsanalyse zeigt, dass die Brennverläufe des Versuchsträgers mit hoher Güte durch die Wiebefunktion approximiert werden können.

---

[37] Um eine möglichst gute Allgemeingültigkeit zu erhalten, wurde auf eine individuelle Optimierung der Einpassungskriterien verzichtet. Die Brennverlaufseinpassung erfolgte unter Verwendung der Voreinstellungen des Programms *GT-Power*.

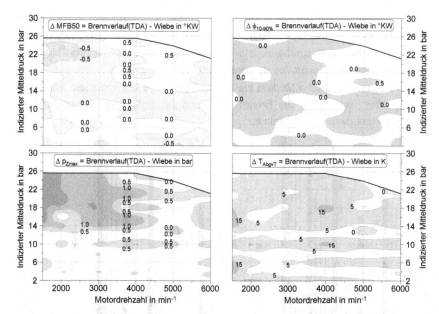

Abb. 87: Abweichungen im Motorkennfeld bei Verwendung von Brennverläufen aus TDA und von daraus abgeleiteten Wiebe-Brennverläufen für Verbrennungsschwerpunkt, Brenndauer, maximalen Zylinderdruck und Abgastemperatur vor Turbine

9.3.2 Vorgabe des Zündzeitpunktes

Die untersuchten empirischen und phänomenologischen Modelle basieren auf der Vorgabe des Zündzeitpunkts für den jeweils vorauszuberechnenden Betriebspunkt. Dazu werden ihnen die gleichen Werte für die Zündzeitpunkte vorgegeben, welche vom Motor-Steuergerät bei der Vermessung des Referenzkennfeldes ausgegeben wurden.

Das empirische Modell nach *Neugebauer* wurde nicht an einem expliziten Betriebspunkt, sondern anhand von vier spezifischen Betriebspunkten kalibriert (s. Abschn. 9.1.4). Die Ergebnisse mit dieser *4-Punkt*-Kalibration wird in den beiden folgenden Abschnitten dargestellt.

Kalibrierung auf n=2000min⁻¹ und p_{mi}=6bar

Zunächst wurden die Modelle auf einen Betriebspunkt kalibriert, der bei allen Modellen im Vertrauensbereich enthalten ist (n=2000min⁻¹ und p_{mi}=6bar), Abb. 88:

- Empirische Ansätze berechnen im aufgeladenen Bereich des Motorkennfeldes teilweise unplausible Werte für die Kenngrößen des Brennverlaufs. Daher sind in diesem Kennfeldbereich die Abweichungen für maximalen Zylinderdruck und Abgastemperatur vor Turbine besonders hoch.

- Innerhalb des *Saugerbereichs* berechnen die empirischen Ansätze plausible Werte für die Kenngrößen des Brennverlaufs.

- Phänomenologische Modelle weisen eine genauere und robustere Vorhersage der Kenngrößen des Brennverlaufs und der motorischen Prozessgrößen über das gesamte Kennfeld auf.

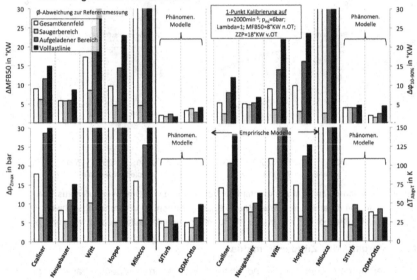

Abb. 88: Vorhersagefähigkeit der untersuchten Modelle für Verbrennungsschwerpunkt, Brenndauer, maximalen Zylinderdruck und Abgastemperatur vor Turbine bei Kalibrierung auf den Betriebspunkt n=2000min⁻¹ und p_{mi}=6bar

Die Ursache für die relativ ungenaue Voraussage der Prozessgrößen (maximaler Zylinderdruck und Abgastemperatur vor Turbine) ist die unzureichende Bestimmung von Verbrennungsschwerpunkt und Brenndauer durch die empirischen Ansätze. Die Bestimmung des Verbrennungsschwerpunkts erfolgt durch die Berechnung von Zündverzug (Abb. 89) und der entsprechenden Teilbrenndauer bis zum Verbrennungsschwerpunkt.

Es wird deutlich, dass die empirischen Ansätze nach *Witt* und *Milocco* bereits bei der Umrechnung des Zündverzuges erhebliche Abweichungen generieren. Bei diesen beiden Ansätzen ist anscheinend die gewählte mathematische Formulierung für die Berechnung des Zündverzugs nicht dafür geeignet den Zündverzug auf einen Betriebspunkt umzurechnen, wenn dieser stark vom Referenzpunkt abweicht.

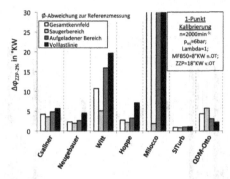

Abb. 89: Vorhersagefähigkeit der untersuchten Modelle für den Zündverzug bei Kalibrierung auf den Betriebspunkt n=2000min⁻¹ und p_mi=6bar

Kalibrierung auf n=3000min⁻¹ und p_mi=20bar

Die analysierten empirischen Modelle basieren auf Untersuchungen an Saugmotoren. Daher sind sie nicht explizit für den aufgeladenen Motorbetrieb entwickelt worden. Demnach ist auch eine Kalibration dieser empirischen Modelle auf einen Betriebspunkt, der im aufgeladenen Bereich des Motorkennfeldes liegt methodisch im Allgemeinen nicht sinnvoll. An dieser Stelle soll dennoch ein solcher Betriebspunkt (n=3000min⁻¹ und p_mi=20bar) für die Kalibration angewendet werden. Dadurch soll überprüft werden, ob durch Wahl des Referenzpunkts im aufgeladenen Motorkennfeldbereich möglicherweise der Gültigkeitsbereich der empirischen Modelle auch auf diesen Bereich des Motorkennfeldes erweitert werden kann, Abb. 90:

- Die empirischen Modelle *Csallner* und *Milocco* weisen eine deutlich geringere Abweichung von Verbrennungsschwerpunkt und Brenndauer im aufgeladenen Kennfeldbereich auf, wodurch die Voraussage des maximalen Zylinderdrucks und der Abgastemperatur vor Turbine entscheidend verbessert wird. Im nicht aufgeladenen Bereich des Kennfeldes sind dagegen die Abweichungen etwas höher als bei deren Kalibrierung auf (n=2000min⁻¹ und p_mi=6bar). Über das gesamte Kennfeld betrachtet zeigen diese beiden Modelle eine bessere Voraussage bei dem höherlastigen Kalibrierungspunkt.

- Die empirischen Modelle *Witt* und *Hoppe* können hinsichtlich ihrer Voraussagegüte für die Brennverlaufskennwerte und die Prozessgrößen (p_Zmax, T_AbgvT) nicht entscheidend von der Kalibration auf den höherlastigen Referenzpunkt profitieren.

- Die phänomenologische Ansätze *SITurb* und *QDM-Otto* weisen gegenüber der Kalibration auf n=2000min⁻¹ und p_mi=6bar eine etwas größere Abweichung in den Brennverlaufskennwerten und Prozessgrößen auf. Ihre Voraussagegüte liegt, abgesehen von *Witt* und *Hoppe*, im Bereich der empirischen Modelle.

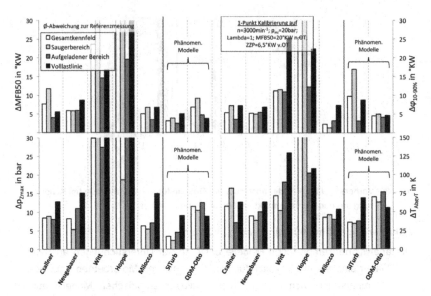

Abb. 90: Vorhersagefähigkeit der untersuchten Modelle für Verbrennungsschwerpunkt, Brenndauer, maximaler Zylinderdruck und Abgastemperatur vor Turbine bei Kalibrierung auf den Betriebspunkt $n=3000min^{-1}$ und $p_{mi}=20bar$

Die Bestimmung des Zündverzugs ($\varphi_{ZZP-2\%}$) führt bei *Witt* und *Hoppe* zu erheblichen Abweichungen, Abb. 91. Daraus resultiert eine entsprechend hohe Abweichung im Verbrennungsschwerpunkt, die verantwortlich für die geringe Voraussagegüte der Prozessgrößen ist.

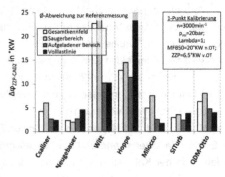

Abb. 91: Vorhersagefähigkeit der untersuchten Modelle für den Zündverzug bei Kalibrierung auf den Betriebspunkt $n=3000min^{-1}$ und $p_{mi}=20bar$

Analyse ausgewählter Einflussfaktoren empirischer Modelle

Bestimmte empirische Modelle berechnen teilweise unplausible Werte für den Zündverzug ($\varphi_{ZZP-2\%}$) und die Brenndauer ($\varphi_{10-90\%}$), wodurch nur eine sehr geringe Voraussagegüte für den maximalen Zylinderdruck und die Abgastemperatur vor Turbine erreicht wird. Die Ursache dafür muss in den mathematischen Formulierungen der entsprechenden Umrechnungsvorschriften liegen. Da die Abweichungen besonders stark im aufgeladenen Bereich des Motorkennfeldes auftreten, gilt es diejenigen Eingangsgrößen dieser Modelle zu identifizieren, die sich im aufgeladenen Motorbetrieb signifikant vom Betrieb im Saugerbereich unterscheiden.

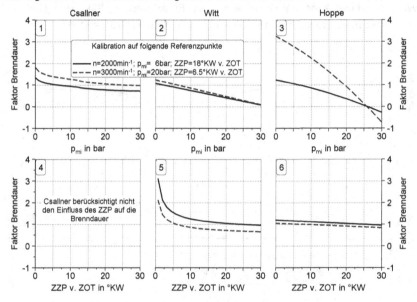

Abb. 92: **Sensitivität des Einflussfaktors für die Brenndauer auf Zündzeitpunkt und Last bei den empirischen Modellen** *Csallner, Witt* **und** *Hoppe für beide Kalibrationspunkte*

Die wesentlichen Eingangsgrößen dieser Modelle sind die Motordrehzahl, die Motorlast, das Luftverhältnis, der Zündzeitpunkt und der Restgasgehalt. Zwischen Saug- und aufgeladenem Betrieb unterscheiden sich vornehmlich zwei dieser Eingangsgrößen, nämlich die Motorlast und der Zündzeitpunkt, da bei hohen Motorlasten und niedrigen Motordrehzahlen zur Einhaltung des klopffreien Motorbetriebs späte Zündzeitpunkte eingestellt werden müssen.

Aus diesem Grund werden für relevante[38] Modelle die Einflussfaktoren für die Brenndauer und den Zündverzug hinsichtlich ihrer Sensitivität auf diese Eingangsgrößen untersucht.

Beim Einflussfaktor für die Brenndauer zeigt sich, dass dieser nach *Witt* für Zündzeitpunkte nahe dem ZOT gegen unendlich läuft, Abb. 92 (unten Mitte). Des Weiteren sinkt der Einflussfaktor für die Brenndauer bei *Witt* und *Hoppe* für beide Kalibrationspunkte monoton bei steigender Motorlast, Abb. 92 Teildiagramme 2-3 und 5-6, wodurch die Brenndauer bei genügend hohen Motorlasten auch negative Werte annehmen kann. Bei Hoppe wird dieser Effekt durch die Kalibrierung auf den höherlastigen Referenzpunkt ($n=3000\text{min}^{-1}$ und $p_{mi}=20\text{bar}$) noch verstärkt.

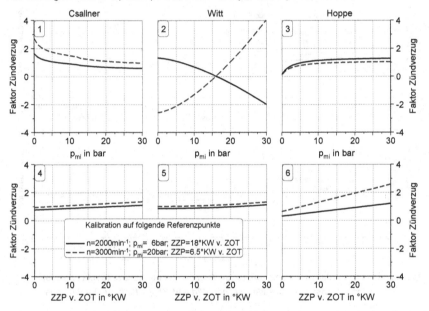

Abb. 93: Sensitivität des Einflussfaktors für den Zündverzug auf Zündzeitpunkt und Last bei den empirischen Modellen *Csallner, Witt* und *Hoppe für beide Kalibrationspunkte*

---

[38] *Neugebauer* wählt für seine Umrechnungsvorschriften einfache Geradengleichungen, deren Steigung durch die Spezifikation von vier Kalibrationspunkten festgelegt wird. Daher lässt sich der Einfluss der Motorlast nicht isoliert darstellen. Der Zündzeitpunkt führt zu einer vertikalen Verschiebung der Geradengleichungen und lässt sicher auch nicht als Einflussfaktor darstellen. *Milocco* verwendet unterschiedliche Einflussgleichungen für verschiedene Phasen der Wärmefreisetzung. Daher ist eine vergleichende Darstellung an dieser Stelle nicht sinnvoll. Allerdings ist auch bei *Milocco* die Motorlast ursächlich für unplausible Werte im aufgeladenen Betrieb.

Der Einflussfaktor für den Zündverzug zeigt vor allem für die Umrechnungsvorschrift nach *Witt* ein über die Motorlast ungewöhnliches Verhalten, Abb. 93 Teildiagramm 2 und 5. So kann dieser Einflussfaktor für beide Kalibrationspunkte negative Werte annehmen. Aus diesem Grund verlieren die Umrechnungsvorschriften nach *Witt* ihre Gültigkeit außerhalb ihres Definitionsbereichs, so dass der Brennverlauf im aufgeladenen Betrieb nicht sinnvoll umgerechnet werden kann.

9.3.3 Vorgabe des Verbrennungsschwerpunktes

Bisher kann festgehalten werden, dass unabhängig vom Kalibrationspunkt und Modellansatz die Qualität der Brennverlaufsvorausberechnung entscheidend von der Voraussagegüte des Verbrennungsschwerpunkts abhängt. Der Lagefehler des Verbrennungsschwerpunkts ist vermeidbar, wenn der Verbrennungsschwerpunkt selbst vorgegeben wird.

Beide untersuchten phänomenologischen Ansätze basieren auf dem Entrainment-Modell von *Blizard* und *Keck*. Für die Berechnung des Brennverlaufs verlangt dieser Ansatz, analog zu den empirischen Modellen, ebenfalls nach einem Zündzeitpunkt. Die in dieser Arbeit untersuchten Ausführungen des Entrainment-Modells von *Blizard* und *Keck* (*SITurb* und *QDM-Otto*) ermöglichen es jedoch anstatt des Zündzeitpunkts auch den gewünschten Verbrennungsschwerpunkt vorzugeben. Dafür ist in den beiden Anwendungen ein Verbrennungsschwerpunkt-Regler implementiert. Dieser verstellt den rechnerischen Zündzeitpunkt auf der Kurbelwinkelachse iterativ über die notwendige Anzahl von Arbeitsspielen, bis der gewünschte Verbrennungsschwerpunkt des Brennverlaufs erreicht wird. Der Verbrennungsschwerpunkt ist daher bei diesen Modellen keine direkte Steuerungsgröße, sondern nur eine Regelgröße. Aufgrund der starken Abhängigkeit des maximalen Zylinderdrucks und der Abgastemperatur vor Turbine vom Verbrennungsschwerpunkt scheint insbesondere die Simulation des transienten Motorbetriebs mit den hier untersuchten phänomenologischen Verbrennungsmodellen nur verlässlich zu sein, wenn der Verbrennungsschwerpunkt-Regler nur noch geringe Regelabweichungen – Schwankungen im Verbrennungsschwerpunkt –unverzüglich (möglichst arbeitsspielgenau) kompensiert. Geringe Regelabweichungen setzen allerdings voraus, dass der funktionale Zusammenhang zwischen Verbrennungsschwerpunkt und Zündzeitpunkt bekannt und allgemeingültig ist, also weder motorspezifisch noch abhängig bspw. vom Brennverfahren ist.

Kalibrierung auf n=2000min⁻¹ und p_mi=6bar

Durch die Vorgabe des Verbrennungsschwerpunkts wird die Vorhersagequalität hinsichtlich des maximalen Zylinderdrucks und der Abgastemperatur vor Turbine entscheidend verbessert, Abb. 94. Die Vorhersagegenauigkeit für die Brenndauer hingegen wird nicht signifikant erhöht. Daher resultiert die Verbesserung der Vorhersagegüte für maximalen Zylinderdruck und Abgastemperatur vor Turbine maßgeblich aus der ausbleibenden Abweichung im Verbrennungsschwerpunkt selbst.

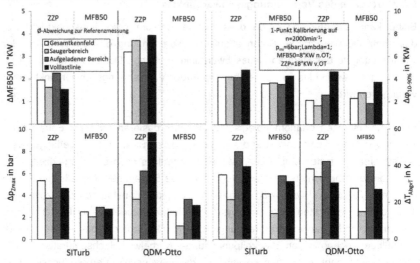

Abb. 94: Vergleich der Voraussagequalität zwischen Vorgabe von Zündzeitpunkt und Verbrennungsschwerpunkt bei Kalibrierung auf n=2000min⁻¹ und p_mi=6bar

Kalibrierung auf n=3000min⁻¹ und p_mi=20bar

Bei Kalibrierung auf den höherlastigen Betriebspunkt und **Vorgabe des Zündzeitpunkts** liegt die Voraussagequalität für die betrachteten Größen bei beiden Modellen unterhalb des anderen Kalibrierungspunktes (n=2000min⁻¹ und p_mi=6bar), Abb. 95. Verantwortlich dafür sind die höheren Abweichungen im Verbrennungsschwerpunkt und in der betrachteten Brenndauer. Während *QDM-Otto* eine stärkere Abweichung im Verbrennungsschwerpunkt hat, zeigt *SITurb* eine höhere Abweichung bei der Brenndauer. Beide Modelle weisen die höchsten Abweichungen für die betrachteten Größen im *Saugerbereich* des Kennfeldes auf; also in einem Lastbereich, der relativ weit vom Kalibrierungspunkt entfernt liegt. Dieser Kalibrierungspunkt weist neben einer höheren Last (p_mi=20bar) einen relativ späten Zündzeitpunkt (6.5°KW vor ZOT) auf, der allerdings für aufgeladene Ottomotoren nicht ungewöhnlich ist.

Bei Kalibrierung auf den höherlastigen Betriebspunkt und **Vorgabe des Verbrennungsschwerpunkts** ist daher eine starke Verbesserung in der Voraussagegüte bei beiden Modellen gegeben, Abb. 95. Auch die Voraussagequalität von *SITurb* bzgl. der betrachteten Brenndauer verbessert sich signifikant durch die Vorgabe des Verbrennungsschwerpunkts.

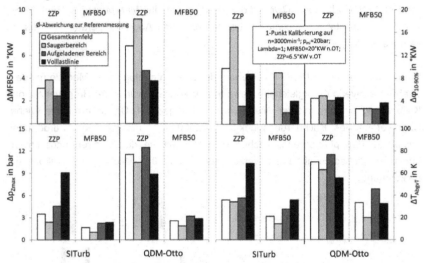

Abb. 95: Vergleich der Voraussagequalität zwischen Vorgabe von Zündzeitpunkt und Verbrennungsschwerpunkt bei Kalibrierung auf $n=3000min^{-1}$ und $p_{mi}=20bar$

Nur bei Vorgabe des Verbrennungsschwerpunkts liegen die absoluten Abweichungen in den betrachteten Größen bei beiden Kalibrierungspunkten auf gleichem Niveau. Daher ist bei Vorgabe des Verbrennungsschwerpunkts die Güte der Brennverlaufsvoraussage unabhängig von der Wahl des Kalibrierungspunkts. Dies bekräftigt die Bedeutung des Verbrennungsschwerpunkts als zentrale Größe bei der Brennverlaufsvoraussage. Der Verbrennungsschwerpunkt ist die zentrale Größe des Brennverlaufs und ist daher neben der Wärmefreisetzung selbst verantwortlich für das thermodynamische Niveau Verbrennung.

9.3.4 Einfluss der Kalibrierung der phänomenologischen Modelle auf die Güte der Voraussage im Vergleich zum Wiebe-Brennverlauf bei Vorgabe des Verbrennungsschwerpunktes

Die phänomenologischen Modelle verfügen über eine feste Anzahl von Parametern, die eine gezielte Kalibrierung des Modells auf einen Versuchsträger ermöglichen. Bei der eigentlichen Kalibrierung auf einen oder mehrere Betriebspunkte wird die optimale Einstellung dieses Parametersatzes mittels der Methode der kleinsten Fehlerquadrate berechnet. Um den Einfluss der vorgegebenen Betriebspunktanzahl auf die Kalibrierungsgüte festzustellen, wurde zusätzlich zur *1-Punkt-Kalibrierung* eine *Mehrpunkt-Kalibrierung* bei beiden phänomenologischen Modellen durchgeführt. Die Kalibrierung des Parametersatzes dieser *Mehrpunkt-Kalibrierung* erfolgt mittels der 75 Betriebspunkte der Referenzmessung.

Sowohl *SiTurb* als auch *QDM-Otto* können durch die *Mehrpunkt-Kalibrierung* die Voraussagequalität für maximalen Zylinderdruck und Abgastemperatur vor Turbine verbessern, Abb. 96[39].

Um die Qualität der *1-Punkt-Kalibrierung* der phänomenologischen Modelle mit dem Wiebe-Brennverlauf vergleichend bewerten zu können, wurde der Brennverlauf des Kalibrierungspunktes mit der Wiebefunktion nachgebildet. Der so ermittelte Wiebe-Brennverlauf des Kalibrierungspunktes (n=2000min⁻¹ und p_{mi}=6bar) wurde dann analog zu den phänomenologischen Modellen mithilfe des Verbrennungsschwerpunkts betriebspunktabhängig verschoben, Abb. 96 (Wiebe; $\varphi_{10-90\%}$=konstant; m=konstant).

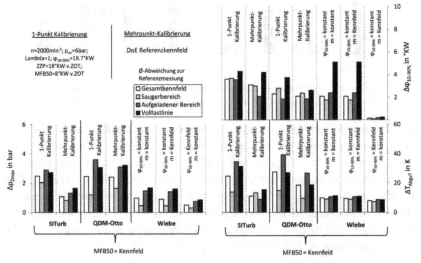

Abb. 96: Vergleich der Vorhersagefähigkeit zwischen phänomenologischer Modelle bei 1-Punkt- (n=2000min⁻¹ und p_{mi}=6bar), Mehrpunkt-Kalibrierung und Wiebe-basierten Ersatzbrennverlauf bei Vorgabe des Verbrennungsschwerpunktes

---

[39] Bei der 1-Punktkalibrierung wurden die besseren Resultate bei der Kalibrierung auf den Betriebspunkt n=2000min⁻¹ und p_{mi}=6bar erzielt. Daher wird auf die Darstellung des anderen Kalibrierungspunktes in dieser Abbildung verzichtet.

Für den untersuchten Versuchsträger ergibt sich, dass durch die reine (betriebs-punktabhängige) Verschiebung des Verbrennungsschwerpunktes des, in Brenndauer und Formparameter konstanten, Wiebe-Brennverlaufs eine bessere Voraussage als durch die *1-Punkt-Kalibrierung* beider phänomenologischen Modelle erreicht wird. Die Voraussagequalität durch die Verschiebung des konstanten Wiebe-Brennverlaufs übertrifft auch die Güte der *Mehrpunkt-Kalibrierung* der phänomenolo-gischer Modelle. Werden beim Wiebe-Brennverlauf zusätzlich noch die Brenndauer (Wiebe; $\varphi_{10\text{-}90}$=variabel; m=konstant) oder der Formparameter (Wiebe; $\varphi_{10\text{-}90}$=konstant; m=variabel) betriebspunktabhängig angepasst, wird die Voraussage-qualität noch weiter gesteigert, Abb. 96. Ein weiterer Versuch mit dem Wiebe-Brennverlauf des anderen Referenzpunktes (n=3000min^{-1} und p_{mi}=20bar) bestätigt diese Aussagen [59].

Die Überlegenheit der Abbildungsgüte durch einen charakteristischen Wiebe-Brennverlauf ist allerdings nur möglich, wenn für den betrachteten Versuchsträger im untersuchten Last- und Drehzahlbereich folgendes gilt:

- Der Brennverlauf des Versuchsträgers wird durch den Wiebe-Brennverlauf gut abgebildet, das heißt, die Verbrennung weist eine genügende Wiebe-Charakteristik auf.
- Die Brenndauern im Motorkennfeld des Versuchsträgers nicht zu großen Schwankungen unterliegen.

9.4   Formulierung eines eigenen Ansatzes zur Brennverlaufsvoraussage für den Versuchsträger

Empirische Modelle bieten gegenüber den phänomenologischen Modellen grund-sätzlich den Vorteil, dass sie die Abhängigkeiten des Brennverlaufs von den Be-triebsparametern direkt durch die Einflussgleichungen visualisieren. Es konnte allerdings kein empirisches Modell identifiziert werden, das den Brennverlauf, insbe-sondere im aufgeladenen Betrieb des Versuchsträgers, mit ausreichender Güte vo-raussagen kann. Ein wesentlicher Grund dafür liegt in der geringen Güte bzgl. der Voraussage der Lage des Verbrennungsschwerpunktes. Die Lage des Verbren-nungsschwerpunkts auf der Kurbelwinkelachse bestimmt sich durch die Position des Brennbeginns und der entsprechenden Brenndauer des Brennverlaufs.

Die die Brenndauer abbildenden Einflussgleichungen der untersuchten empirischen Modelle zeigen im aufgeladenen Bereich des Motorkennfeldes eine große Streuung. Dies liegt insbesondere daran, dass die gewählten mathematischen Funktionen in den Gleichungen für Lasten im nicht aufgeladenen Motorbetrieb konzipiert sind und daher für Werte im aufgeladenen Betrieb teilweise unbrauchbare Ergebnisse ausgeben.

Die Position des Brennbeginns wird ausgehend vom realen Zündzeitpunkt und dem berechneten Zündverzug bestimmt. Die den Zündverzug abbildenden Einflussgleichungen sind wiederum nicht für späte Zündzeitpunkte, wie sie im aufgeladenen Betrieb auftreten, ausgelegt und haben daher Defizite hinsichtlich der Abbildungsqualität in diesem Lastbereich. Während der Phase des Zündverzugs wird praktisch kaum Wärme freigesetzt. Daher ist die thermodynamische Modellierung des Zündverzugs grundsätzlich anfällig bei sich ändernden Betriebsbedingungen.

Sowohl die empirischen als auch die phänomenologischen Modelle benötigen zur Bestimmung des Brennbeginns den Zündzeitpunkt. In der Regel ist der Zündzeitpunkt allerdings eine Größe, die sich erst bei der Applikation eines Motors am Prüfstand ergibt. Also zu einem Entwicklungszeitpunkt, bei dem auch Zylinderdruckverläufe bzw. reale Brennverläufe vorliegen, was den Nutzen der Zündverzugsmodellierung aus Sicht des Autors stark einschränkt. Aus diesem Grund soll bei der Formulierung des eigenen Ansatzes auf die Vorgabe des Zündzeitpunkts und der Modellierung des Zündverzugs verzichtet werden.

Anhand der phänomenologischen Modelle wurde gezeigt, dass bei Vorgabe des Verbrennungsschwerpunkts statt des Zündzeitpunkts die Güte der Brennverlaufsvoraussage signifikant verbessert wird. Die Güte der Voraussage durch phänomenologische Modelle hängt entscheidend von der Messdatenbasis für die Kalibrierung ab. Für die Kalibrierung der Modelle *SITurb* und *QDM-Otto* werden daher von den Herstellern 5-25 gleichmäßig im Motorkennfeld verteilte Betriebspunkte empfohlen.

Bei dem untersuchten Versuchsträger wurden die besten Ergebnisse durch Vorgeben des Verbrennungsschwerpunkts und Verwenden des Wiebe-Brennverlaufs erzielt. Weiterhin konnte gezeigt werden, dass für die exakte Wiedergabe von maximalem Zylinderdruck und Abgastemperatur vor Turbine die Vorgabe der richtigen Brenndauer wichtiger ist als die Kenntnis über den genauen Wert des Formparameters des Wiebe-Brennverlaufs. Daher soll im Folgenden ein Wiebe-basiertes Modell entwickelt werden, das bei Vorgabe des Verbrennungsschwerpunkts den Wiebe-Brennverlauf des Versuchsträgers möglichst genau voraussagt.

9.4.1 Vorbetrachtung zur Brenndauer

Aus am Motorprüfstand gemessenen Zylinderdruckverläufen lässt sich die Brenndauer ermitteln. Für gewöhnlich wird die Brenndauer bereits am Prüfstand anhand einer einfachen Heizverlaufsrechnung bestimmt, die gemeinsam mit den übrigen nicht-indizierten Messdaten abgespeichert wird. Die Bestimmung des Brennverlaufs bedarf einer rechenintensiveren thermodynamischen Druckverlaufsanalyse. Daher erfolgt diese in der Regel unabhängig und erst nach der Messung am Motorprüfstand. Zudem kann es vorkommen, dass nur die Ergebnisse der Heizverlaufsrechnung ohne Zylinderdruckverläufe vorliegen. In diesem Fall kann der Brennverlauf nicht mehr mit konventionellen Methoden bestimmt werden und eine Kalibrierung der untersuchten Ansätze wäre daher unmöglich. Aus diesem Grund ist es wünschenswert, dass eine Kalibrierung der Brenndauer beim eigenen Ansatz bereits mit Ergebnissen aus dem Heizverlauf gelingt. Dafür müsste es allerdings für den Heiz- und Brennverlauf eine gemeinsame charakteristische Brenndauer (Basisbrenndauer) geben. Um eine prüfstandsunabhängige Übertragungsfähigkeit auf andere Ottomotoren zu ermöglichen, sollte diese Basisbrenndauer unabhängig von der am Prüfstand gewählten Heizverlaufsrechnung sein.

In Abschn. 4.2.2 (s. Abb. 25) wurde bereits für einen gemessenen Druckverlauf gezeigt, dass bei der einfachen Heizverlaufsrechnung die Bestimmung des 90%-Umsatzpunktes einer erheblichen Streuung unterliegt, die abhängig vom für den Isentropenexponenten gewählten Wert ist. Deshalb ist auch die Lage des 90%-Umsatzpunkts zwischen Heiz- und Brennverlauf in der Regel signifikant abweichend. Daher sind Brenndauern, die den 90%-Umsatzpunkt des Heizverlaufs enthalten nicht allgemeingültig, für eine Kalibrierung geeignet. Die aus dem 10%- und 50%-Umsatzpunkt bestimmte Brenndauer hingegen ist unabhängig vom für die Heizverlaufsrechnung gewählten Wert für den Isentropenexponenten und zeigt eine sehr gute Überdeckung mit der äquivalenten Brenndauer des Brennverlaufs. Daher könnte die aus dem 10%- und 50%-Umsatzpunkt bestimmte Brenndauer für eine Kalibrierung des Modells geeignet sein. Um dies zu überprüfen, wurde für das Referenzkennfeld des Versuchsträgers ein Vergleich aus Heiz[40]- und Brennverlaufsrechnung errechneten Brenndauern durchgeführt, Abb. 97.

Für den Versuchsträger ergeben sich daraus folgende Schlussfolgerungen:

---

[40] In Abb. 25 wurde bei einem Isentropenexponenten von $\kappa = 1.3$ die beste Übereinstimmung in der Erfassung des 90%-Umsatzpunktes zwischen Heiz- und Brennverlaufsrechnung erzielt. Daher wurde dieser Wert für den Isentropenexponenten für diese Heizverlaufsrechnung gewählt.

- Die Brenndauern zwischen dem 10%- und 90%-Umsatzpunkt stimmen weder qualitativ noch quantitativ überein. Zudem scheint die jeweilige Abweichung zwischen der aus dem Heiz- und der aus dem Brennverlauf ermittelten Brenndauer eine Abhängigkeit von der Drehzahl aufzuweisen.

- Die Brenndauer zwischen dem 10%- und 50%-Umsatzpunkt, verglichen aus Heiz- und Brennverlaufsrechnung, zeigt eine sehr hohe qualitative Korrelation und praktisch identische absolute Werte.

- Die Brenndauer zwischen dem 10%- und dem 50%-Umsatzpunkt zeigt keine signifikante Abhängigkeit von der Drehzahl. Der absolute Wert schwankt um eine, über alle Betriebspunkte des Referenzkennfeldes gemittelte, für den Motor charakteristische Brenndauer von $\varphi_{10-50\%}$= 9.4°KW.

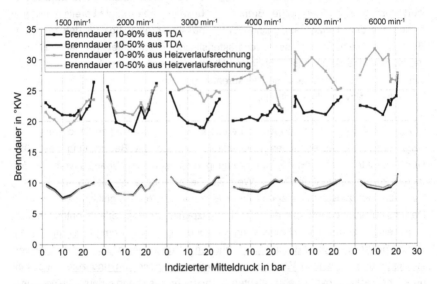

Abb. 97: Vergleich charakteristischer Brenndauern bestimmt mit Heizverlaufsrechnung und thermodynamische Druckverlaufsanalyse für das Kennfeld des Versuchsträgers

Ein Vergleich mit anderen Ottomotoren hat bestätigt, dass die Brenndauer zwischen dem 10%- und 50%-Umsatzpunkt über das Kennfeld eine zwar motorspezifische, jedoch robuste Größe darstellt. Diese charakteristische Brenndauer, im Folgenden auch <u>Basisbrenndauer</u> genannt, wird im Wesentlichen festgelegt durch:

- Geometrische Abmessungen des Kurbeltriebs
- Brennverfahren
- Ladungsbewegung

9.4.2 Modellannahmen, Messdatenbasis und Methodik

Die dem Modell zugrundeliegenden Messdaten wurden von dem in Tab. 4 spezifizierten Versuchsträger gewonnen. Daher sollte das Modell grundsätzlich auf Motoren mit folgenden Merkmalen anwendbar sein:

- Ottomotor mit Direkteinspritzung ausschließlich während des Saughubs
- Brennverfahren mit homogener Betriebsart
- Brennverlauf gut durch den Wiebe-Brennverlauf zu approximieren

Die Messdatenbasis besteht aus 4010 am Versuchsträger vermessenen Betriebspunkten. Basierend auf den Ergebnissen der Sensitivitätsanalyse aus Kap.0 wurden die Eingangsparameter für das Modell definiert, Abb. 98. Anschließend wurden die Messdaten gefiltert, um Verzerrungen in der Regressionsanalyse durch ungleichmäßige Verteilung der Eingangsgrößen (Erklärende Variablen) zu vermeiden. Als Filtermethode wurde gewählt, dass jeder Betriebspunkt sich in wenigstens einer Erklärenden Variablen um mindestens fünf Prozent von den übrigen Betriebspunkten unterscheiden muss. Nach Anwendung dieses Filters sind 3475 Betriebspunkte verblieben. Im nächsten Schritt wurde ein Vertrauensbereich für die Eingangsparameter definiert (Abb. 98), in dem eine genügende Abdeckung durch Betriebspunkte vorliegt. In die Regressionsanalyse sind durch die Anwendung dieser Methodik schließlich 2494 Betriebspunkte eingeflossen.

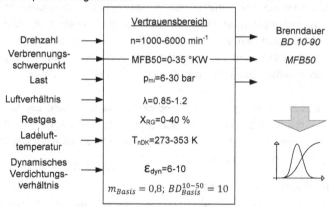

Abb. 98: Eingangs- und Ausgangsgrößen des Modells

9.4.3 Formulierung der Umrechnungsvorschrift

Der Wiebe-Brennverlauf ist durch die drei Parameter Verbrennungsschwerpunkt, Brenndauer und Formparameter vollständig definiert. Da in dem hier vorgestellten Modell der Verbrennungsschwerpunkt und nicht der Brennbeginn vorgegeben wird, werden zur Voraussage des Wiebe-Brennverlaufs nur noch jeweils eine Gleichung für die Brenndauer und den Formparameter benötigt. Diese Gleichungen werden mithilfe der Regressionsanalyse ermittelt. Die Regressionsanalyse wurde mit dem Programm *MATLAB*®, genauer mit dessen Unterprogramm *Statistic Toolbox*^{TM}, durchgeführt.

Regressionsanalyse

Die Regressionsanalyse bestimmt lediglich die Koeffizienten der *Erklärenden Variablen* (Eingangsgrößen), die nach der *Methode der kleinsten Fehlerquadrate* zur genauesten Beschreibung der gesuchten Variable (Brenndauer bzw. Formparameter) führt. Bevor die Koeffizienten durch die Regression bestimmt werden können, müssen zunächst die Regressionsgleichungen aufgestellt werden. Das heißt, die mathematische Verknüpfung der Eingangsgrößen und deren mathematische Ordnung muss festgelegt werden.

Die Veränderung einer Eingangsgröße führt zu einer Änderung der absoluten Brenngeschwindigkeit (zeitbasiert) und daher zu einer absoluten Änderung der Brenndauer in Kurbelwinkel. Deswegen wird für die Eingangsparameter ein additiver Gleichungsansatz gewählt. Die Motordrehzahl verknüpft die zeitbasierte Brenngeschwindigkeit mit der Brenndauer auf der Kurbelwinkelachse. Daher wird die Motordrehzahl als einziger Parameter zusätzlich multiplikativ mit den übrigen Parametern verknüpft. Beide Einflussgleichungen (Brenndauer und Formparameter) bekommen jeweils eine Konstante als Basiswert gesetzt. Mithilfe dieser Basiswerte wird der notwendige Hub durch die Koeffizienten verringert. Dadurch liefern die Gleichungen in gewissen Grenzen auch außerhalb des Vertrauensbereiches noch plausible Werte.

Die mathematische Ordnung jeder Eingangsgröße wurde anhand der Ergebnisse aus der vorgeschalteten Sensitivitätsanalyse (s. Kap. 0) festgelegt. Das entwickelte Modell ist deswegen ein nicht-linearer additiver Ansatz mit jeweils einer Gleichung für die Brenndauer und den Formparameter.

Ergebnis der Regressionsanalyse

Das Ergebnis der Regressionsanalyse sind die Koeffizienten der Einflussgrößen. Somit stehen die erklärenden Gleichungen für Brenndauer und Formparameter fest, Abb. 99.

Werden die Einflussgleichungen für die Brenndauer und den Formparameter auf die 2494 Punkte der Regressionsanalyse angewendet, sind sie in der Lage die beiden

Größen mit einer durchschnittlichen Abweichung von $\Delta\varphi_{10\text{-}90\%}$=0.974°KW bzw. Δm=0.275 erklären[41].

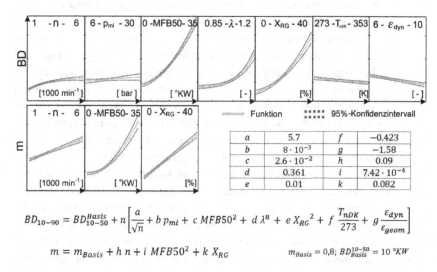

$$BD_{10-90} = BD_{10-50}^{Basis} + n\left[\frac{a}{\sqrt{n}} + b\,p_{mi} + c\,MFB50^2 + d\,\lambda^8 + e\,X_{RG}^{\ 2} + f\,\frac{T_{nDK}}{273} + g\,\frac{\varepsilon_{dyn}}{\varepsilon_{geom}}\right]$$

$$m = m_{Basis} + h\,n + i\,MFB50^2 + k\,X_{RG} \qquad m_{Basis} = 0{,}8;\ BD_{Basis}^{10-50} = 10\ °KW$$

Abb. 99: Wirkung der Einflussparameter auf die Brenndauer und den Formparameter

Gleichung Brenndauer

Die Einflussparameter auf die Brenndauer werden im Folgenden kommentiert:

- Den stärksten Einfluss auf die Brenndauer hat der **Verbrennungsschwerpunkt**. Insbesondere, wenn der Verbrennungsschwerpunkt relativ spät liegt. Verantwortlich dafür sind die längeren Flammenwege während der Abwärtsbewegung des Kolbens und das verminderte Druck- und Temperaturniveau, wodurch die laminare Brenngeschwindigkeit sinkt.

- **Luftverhältnis** wirkt sich im Bereich 0.85≤λ≥1 praktisch nicht auf die Brenndauer aus. Erst im mageren Bereich (λ>1) verlängert sich zunehmend die Brenndauer, da die laminare Brenngeschwindigkeit abnimmt.

- Steigender **Restgasanteil** verringert die laminare Brenngeschwindigkeit, so dass die Brenndauer zunimmt.

- Eine sinkende **Ladelufttemperatur** erhöht die Brenndauer aufgrund der abnehmenden laminaren Brenngeschwindigkeit.

---

[41] Eberding führte in seiner Arbeit [Eber13] eine Sensitivitätsanalyse der Wiebeparameter auf die Prozessgrößen maximaler Zylinderdruck und Abgastemperatur vor Turbine bei dem hier untersuchten Versuchsträger durch. Abweichungen in der Brenndauer von bis zu $\Delta\varphi_{10\text{-}90\%}$=1°KW führen zu einer Abweichung im maximalen Zylinderdruck von weniger als Δp_{Zmax}=2bar. Der Formparameter im Bereich von m=1.2-2.5 wirkt sich praktisch nicht auf den maximalen Zylinderdruck aus und hat nur einen geringen Einfluss auf die Abgastemperatur vor Turbine.

- Ein sinkendes **thermodynamisch wirksames Verdichtungsverhältnis**[42] führt dazu, dass die Verbrennung auf einem niedrigeren thermodynamischen Druck- und Temperaturniveau stattfindet. Dadurch sinken die laminare Brenngeschwindigkeit und die Brenndauer erhöht sich entsprechend.

- Der **indizierte Mitteldruck** bzw. die an der Verbrennung teilnehmende Gemischmasse hat im untersuchten Lastbereich nur einen geringen Einfluss auf die Brenndauer. Bei Steigerung der an der Verbrennung teilnehmenden Gemischmasse erhöht sich auch das Druck- und Temperaturniveau. Während ein hoher Druck die laminare Brenngeschwindigkeit sinken lässt, verursacht eine hohe Temperatur deren Anstieg (s. Abb. 5). Die Regressionsanalyse gibt eine leicht positive Korrelation zwischen Last und Brenndauer aus.

- Die **Drehzahl** wirkt sich nur im unteren Drehzahlbereich (n≤1500min^{-1}) signifikant auf die Brenndauer aus. In diesem Drehzahlbereich ist der Turbulenzeinfluss geringer ausgeprägt, wodurch die Brenngeschwindigkeit abnimmt. Allerdings sinkt im für die Verbrennung relevanten Kurbelwinkelbereich die Kolbengeschwindigkeit in °KW gerechnet stärker, wodurch der laminare Anteil der Brenngeschwindigkeit ausschlaggebend[43] für die Brenndauer ist.

- **Basisbrenndauer** von $BD_{Basis}^{10-50} = 10°KW$ entspricht der über der Messdatenbasis durchschnittlichen Brenndauer zwischen dem 10%- und 50%-Umsatzpunkt für den Versuchsträger

Gleichung Formparameter

Der für die Wiebe-Funktion benötigte Formparameter dient zur Modellierung der Los- und Ausbrandphase. Die Wahl des Formparameters stellt dabei stets einen Kompromiss zwischen der genauen Abbildung des Verbrennungsanfangs und des Verbrennungsendes dar. Der Einfluss des Formparameters auf die Genauigkeit in der Abbildung des maximalen Drucks und der Abgastemperatur vor Turbine ist relativ gering [22]. Aus diesem Grund wurden zugunsten einer geringen Komplexität nur die wichtigsten Einflussfaktoren auf den Formparameter berücksichtigt:

- Mit steigender **Drehzahl** erhöht sich der Formparameter linear. Verantwortlich dafür ist der sich mit der Drehzahl vergrößernde Brennverzug.

---

[42] Thermodynamisch wirksames Verdichtungsverhältnis entspricht dem geometrischen Verdichtungsverhältnis nach Abschluss des Ladungswechsels. Durch Verschiebung der Einlassnockenwelle wurde die Steuerzeit „Einlass schließt" variiert. Dadurch konnte gezielt das thermodynamisch wirksame Verdichtungsverhältnis verändert werden.
[43] Wird im Gedankenspiel die Drehzahl bis zum Stillstand abgesenkt, wäre die Brenndauer in °KW gemessen ebenfalls null. Daher wurde zur mathematischen Beschreibung des Drehzahleinflusses eine Wurzelfunktion gewählt.

- Ein relativ später **Verbrennungsschwerpunkt** verlängert ebenfalls den Brennverzug, Um diesen entsprechend zu modellieren erhöht sich der Formparameter.
- Auch steigender **Restgasanteil** verlängert den Brennverzug (s. Abb. 29).
- Eine Konstante im Wert von m_{Basis}=0.8 für den Formparameter lieferte für den Versuchsträger das beste Resultat.

9.4.4 Validierung am Versuchsträger

Alle Eingangsgrößen in das Modell werden entweder vom Benutzer direkt vorgegeben (z.B. Verbrennungsschwerpunkt) oder sind Größen, die von Motorprozess-Simulationssoftware wie *GT-Power* standardmäßig berechnet werden. Daher lassen sich die Einflussgleichungen ohne Schwierigkeit in gängige Motorprozess-Simulationsumgebungen integrieren.

Die Abweichungen zwischen den mit dem Modell errechneten Parametern der Wiebefunktion und den Wiebeparametern des Referenzkennfeldes sind gering, Abb. 100.

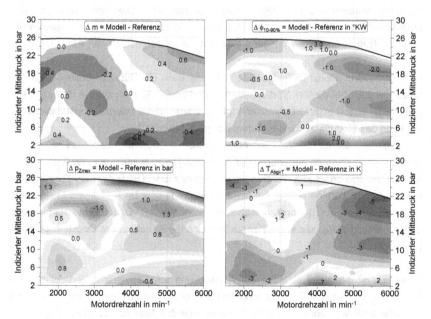

Abb. 100: Differenzkennfelddarstellung von Formparameter, Brenndauer, max. Zylinderdruck sowie Abgastemperatur vor Turbine für den Versuchsträger

Deswegen werden in der Simulation mit den Wiebe-Brennverläufen aus dem Modell die Werte für maximalen Zylinderdruck und Abgastemperatur vor Turbine mit hoher Genauigkeit berechnet.

Das Modell ist in der Lage die Verbrennung bzw. den Brennverlauf des Versuchsträgers mit einer sehr hohen Güte vorauszusagen.

9.5   Überprüfung der Übertragbarkeit auf andere Ottomotoren

Die Übertragbarkeit des Verbrennungsmodells auf andere Ottomotoren wurde exemplarisch anhand eines Ottomotors mit folgenden Spezifikationen durchgeführt:

- 4-Zylinder Reihenmotor mit Abgasturboaufladung, V_H=1800cm^3
- Variable Ventilsteuerung an Einlass und Auslass, Tumbleklappe im Einlasskanal
- Kombinierte Gemischbildung aus Direkteinspritzung und Saugrohreinspritzung, daher in Abhängigkeit vom Betriebspunkt auch kombinierte Brennverfahren.

Ein mit 100 Betriebspunkten validiertes *GT-Power* Modell des Motors mit Wiebe-basierten Verbrennungsparametern dient als Referenz. Die Vorhersagegüte des Modells für Brenndauer, Formparameter, maximalen Zylinderdruck und Abgastemperatur vor Turbine ist etwas geringer als beim eigenen Versuchsträger, Abb. 101.

Insgesamt kann allerdings festgehalten werden, dass die Güte der Brennverlaufsvoraussage auch bei diesem Versuchsträger fundierte Aussagen zu den Betriebsgrenzen (p_{Zmax}, T_{AbgvT}) in der Hochlast ermöglicht. Daher ist die Übertragungsfähigkeit der Funktion des Modells auf diesen Ottomotor gewährleistet[44].
Bei mittlerer Last und Drehzahlen oberhalb von n=2500min^{-1} zeigt das Modell die größten Abweichungen gegenüber der Referenz. Die absolute Höhe der Abweichung für den maximalen Zylinderdruck liegt bei Δp_{Zmax}=3bar. Die Differenz in der Abgastemperatur vor Turbine beträgt höchstens 10K. In diesem Drehzahl- und Lastbereich wird von Direkt- auf Saugrohreinspritzung umgeschaltet. Das Brennverfahren des Motors verletzt daher in diesem Kennfeldbereich die Annahme der Direkteinspritzung (s. Abschn. 9.4.2).

Allerdings ist die absolute Höhe der Abweichung auch in diesem Kennfeldbereich tolerierbar. Um die reine Übertragungsfähigkeit beurteilen zu können, wurde bewusst auf eine erneute Kalibration der Basisbrenndauer des Modells auf diesen Motor ver-

---

[44] Ein Vergleich mit dem phänomenologischen Modell SITurb – ebenfalls unkalibriert – bestätigt die vergleichsweise gute Voraussagequalität des hier vorgestellten Modells für diesen Motor.

zichtet. Durch eine geringfügige Korrektur der Basisbrenndauer ließe sich die Genauigkeit noch weiter erhöhen.

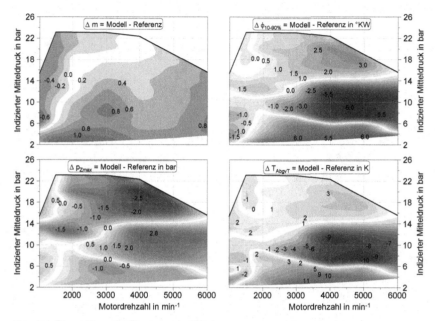

Abb. 101: Überprüfung der Übertragungsfähigkeit des Ansatzes für einen Ottomotor

Der additive Ansatz ermöglicht es dem Anwender anschaulich und unabhängig voneinander gegebenenfalls die Basisbrenndauer und die Einflussstärke der jeweiligen Einflussgröße individuell anzupassen.

10 Zusammenfassung

Im Rahmen dieser Arbeit wurden umfangreiche Versuche mit dem Ziel durchgeführt, den Einfluss der Ladelufttemperatur relativ zu den anderen Betriebsparametern auf den Motorbetrieb und ihr Potenzial zur Steigerung von Wirkungsgrad und Leistungsdichte des aufgeladenen Ottomotors zu ermitteln. Es konnte gezeigt werden, dass die Ladelufttemperatur – abgesehen von der Klopfgrenze – im Vergleich zu anderen Betriebsparametern wie beispielsweise Zündzeitpunkt und indizierter Mitteldruck nur einen geringen Einfluss auf den Brennverlauf und die integralen Motorbetriebsgrößen hat.

Anhand eines für den NEFZ typischen Betriebspunkts ($n=2000\text{min}^{-1}$ und $p_{me}=2\text{bar}$) wurde verdeutlicht, dass sich eine sehr niedrige Ladelufttemperatur ($T_{nDK}=0°C$) weder auf wesentliche Schadstoffemissionen noch auf den Wirkungsgrad negativ auswirkt. Im gedrosselten Motorbetrieb steigen mit sinkender Ladelufttemperatur die Drosselverluste und damit die Ladungswechselarbeit erwartungsgemäß an. Jedoch wird dieser, in der Einzelbetrachtung auf den Wirkungsgrad nachteilig wirkende Effekt vollständig durch die dabei geringeren Wandwärmeverluste kompensiert. Eine in diesem Betriebspunkt über die Ladelufttemperatur unveränderte Abgastemperatur vor Turbine bekräftigt dies.

Die Ergebnisse aus diesen Versuchen bestätigen den aus der Literatur bekannten direkten Einfluss der Ladelufttemperatur auf die laminare Brenngeschwindigkeit von Benzin-Luftgemischen. Eine Absenkung der Ladelufttemperatur führte stets zu einer Verlängerung des Brennverzugs. Bei spätem Verbrennungsschwerpunkt, wenn also ein erheblicher Teil des Kraftstoffs erst in der Expansionsphase umgesetzt wird und die Turbulenz durch Ladungswechsel und Einspritzung bereits weitgehend dissipiert ist, konnte bei sinkender Ladelufttemperatur eine signifikante Verlängerung der Brenndauer zwischen dem 50%- und 90%-Umsatzpunkt festgestellt werden. Betrachtet man einen Betriebspunkt bei konstantem Verbrennungsschwerpunkt, sinken infolge von Dichteerhöhung der Ladeluft durch Ladeluftkühlung neben der Temperatur und dem Druck des Arbeitsgases zu Verdichtungsbeginn. Dadurch nehmen auch die maximalen Werte für Zylinderdruck und Zylinderspitzentemperatur ab. Eine hohe absolute Wärmekapazität des Gemisches (hohe Last) und eine geringe zur Verfügung stehende Zeitdauer (hohe Drehzahlen) für den Wandwärmeeintrag ins Arbeitsgas verstärken diesen Effekt und ermöglichen es, im Hochlastbereich des Motorkennfeldes gezielt Wirkungsgrad und Leistungsdichte zu steigern.

Im Hochlastbereich des Motorkennfeldes hat die Ladelufttemperatur eine signifikante Wirkung auf die Motorbetriebsgrenzen. Sie hat einen unmittelbaren Einfluss darauf, bei welcher Last die Klopfgrenze erreicht wird. Bei konstanter Last und abnehmender Ladelufttemperatur steigt die Selbstzündungszeit des noch unverbrannten Gemisches an, wodurch sich der Abstand zur Klopfgrenze vergrößert. Wird dieser Abstand zur Klopfgrenze durch Vorverlegung des Verbrennungsschwerpunkts ausgeschöpft, kann eine erhebliche Steigerung des Wirkungsgrads bei gleichzeitig abnehmender thermischer Belastung der Abgasturbine realisiert werden. Die Verschiebung der Klopfgrenze zu frühen Verbrennungsschwerpunkten bzw. höheren Lasten verursacht zwangsläufig aber auch einen Anstieg der mechanischen Belastung des Motors durch steigenden maximalen Zylinderdruck. Dies sollte aber auch bei Pkw-Ottomotoren grundsätzlich technisch beherrschbar sein, da deren maximale Zylinderdrücke deutlich niedriger sind als bei vergleichbaren Dieselmotoren.

Wird die Begrenzung des maximal zulässigen Zylinderdrucks aufgehoben und die Last ladelufttemperaturabhängig bis zur Klopfgrenze angehoben, kann die Leistungsdichte des hier betrachteten Motors bei $T_{nDK}=0°C$ bis zur Begrenzung durch die Stopfgrenze des Turboladerverdichters von 90kW/l in der Serie auf 122kW/l erhöht werden. Mit dem Einsatz dafür geeigneter Aufladeaggregate wurde das Grenzpotenzial zur Erhöhung der Leistungsdichte bei einer Ladelufttemperatur von $T_{nDK}=0°C$ für den Versuchsträger mit über 150kW/l berechnet. Mit derart niedrigen Ladelufttemperaturen wären also Leistungsdichten darstellbar, die sowohl aktuell in der Serie nicht zu finden sind als auch die für die nähere Zukunft abgeschätzten Leistungsdichten von Ottomotoren deutlich übertreffen.

Um das Potenzial einer tiefen Ladelufttemperatur weitgehend unabhängig von der Umgebungstemperatur ausschöpfen zu können, wurde der Einsatz der Pkw-Klimaanlage zur Unterstützung der Ladeluftkühlung untersucht. Bei für die konventionelle Ladeluftkühlung ungünstigen Umgebungsbedingungen konnte gezeigt werden, dass sich die Verwendung der Pkw-Klimaanlage zur Ladeluftkühlung bereits ab der Saugvolllast lohnt und bei Volllast im aufgeladenen Betrieb der effektive Wirkungsgrad um bis zu 2.8 Prozentpunkte erhöht werden kann. Wird die Ladeluftkühlung mittels Pkw-Klimaanlage zur Laststeigerung genutzt, kann eine Erhöhung des Low-End Torque um 28% erreicht werden.

Im letzten Teil der Arbeit wurde untersucht, inwieweit das Potenzial der Ladelufttemperatur bereits in der thermodynamischen Auslegung von Ottomotoren als Freiheitsgrad berücksichtigt werden könnte. Dazu ist ein systematischer Vergleich von empirischen und phänomenologischen Ansätzen hinsichtlich der Voraussagefähigkeit des Brennverlaufes für den Versuchsträger durchgeführt worden. Insbesondere im aufgeladenen Bereich haben die getesteten empirischen Modelle eine zu geringe Voraussagegüte. Als Ursache wurden die mathematischen Formulierungen der Umrechnungsvorschriften identifiziert, welche nur anhand von Saugmotoren entwickelt und validiert worden waren. Es konnte gezeigt werden, dass es zielführend ist, den Verbrennungsschwerpunkt anstatt des Zündzeitpunkts als thermodynamische Führungsgröße zu verwenden. Damit kann eine deutlich bessere Voraussage der Brenndauer und der Prozessgrößen erreicht werden. Ein eigenes Verbrennungsmodell, welches − verbrennungsschwerpunktbasiert − den Wiebe-Brennverlauf vorhersagt, liefert für den Versuchsträger sehr gute Ergebnisse. Die grundsätzliche Übertragbarkeit auf andere Ottomotoren konnte exemplarisch gezeigt werden.

Es wurde gezeigt, dass der Wiebe-Brennverlauf grundsätzlich in der Lage ist, den realen Brennverlauf des homogen betriebenen Ottomotors gut abzubilden. Zur Darstellung des Wiebe-Brennverlaufs wird eine repräsentative (Teil-)Brenndauer der realen Wärmefreisetzung benötigt. Diese wird mithilfe der thermodynamischen Analyse des indizierten Zylinderdruckverlaufs ermittelt. Analysiert man denselben (repräsentativen) Zylinderdruckverlauf einmal mit der Heizverlaufsrechnung und einmal mit der Brennverlaufsrechnung, erhält man grundsätzlich zwei verschiedene Werte für die gesamte Brenndauer der Wärmefreisetzung. Folglich kann die Brenndauer des Wiebe-Brennverlaufs vermeintlich nur nach der Durchführung der aufwendigeren Brennverlaufsrechnung bestimmt werden. In dieser Arbeit konnte allerdings gezeigt werden, dass die Bestimmung der Brenndauer zwischen dem 10%- und dem 50%-Umsatzpunkt ($\varphi_{10-50\%}$) praktisch identische Werte für die Heiz- und die Brennverlaufsrechnung liefert. Deshalb ist es möglich, mit der in gängigen Indiziersystemen integrierten Heizverlaufsrechnung, die Brenndauer für den Wiebe-Brennverlauf bereits simultan zu den Versuchen am Motor-Prüfstand zu ermitteln. Dadurch kann der Wiebe-Brennverlauf auch ohne die nachgelagerte Brennverlaufsanalyse der Motorprozess-Simulation zur Verfügung gestellt werden, wodurch signifikant die Entwicklungszeit und damit die Kosten reduziert werden können.

Literaturverzeichnis

[1]   Attard, W., Toulsen, E., Watson, H., Hamori, F.: Abnormal Combustion including Mega Knock in a 60% Downsized Highly Turbocharged PFI Engine, SAE 2010010355, SAE International, Warrendale, 2010

[2]   Baehr, H., Stephan, K.: Wärme- und Stoffübertragung, 7. Auflage, Springer Berlin [u.a], 2010

[3]   Banzhaf, M., Hendrix, D., Kern, J.: Kühlmittelgekühlte Ladeluftkühler für Kraftfahrzeug-Motoren, Motortechnische Zeitschrift (MTZ) Jahrgang 61 (09/2000), S. 592-599

[4]   Bargende, M.: Ein Gleichungsansatz zur Berechnung der instationären Wandwärmeverluste im Hochdruckteil von Ottomotoren, Dissertation. Technische Hochschule Darmstadt, 1990

[5]   Bargende, M.: Schwerpunkt-Kriterium und automatische Klingelerkennung, Motortechnische Zeitschrift (MTZ) Jahrgang 56 (10/1995), S. 632-638

[6]   Baumgarten, C.: Modellierung des Kavitationseinflusses auf den primären Strahlzerfall bei der Hochdruck-Dieseleinspritzung, VDI Verlag, Reihe 12 Band 543, Düsseldorf, 2003

[7]   Baumgarten, C.: Mixture formation in internal combustion engines, Springer, Springer Berlin [u.a], 2006

[8]   Baumgart, R.: Reduzierung des Kraftstoffverbrauches durch Optimierung von Pkw-Klimaanlagen, Dissertation Technische Universität Chemnitz, 2010

[9]   N. N.: Berechnung des Lambda-Wertes nach Brettschneider, BOSCH TECHNISCHE BERICHTE, Band 6, Laufnr. 50277, 1979

[10]   Blizard, N. C., Keck, James C.: Experimental and Theoretical Investigation of Turbulent Burning Model for Internal Combustion, SAE 740191, Warrendale, 1974

[11]   Blumberg, P., Bromberg, L., Kang, H., Tai, C.: Simulation of high efficiency heavy duty SI engines using direct injection of alcohol for knock avoidance , SAE 2008012447

[12]   Böckh, P. von, Wetzel, T.: Wärmeübertragung. Grundlagen und Praxis, 4. Auflage, Springer Berlin [u.a], 2011

[13]   Brauer, M.: Schadstoffverhalten und Lastgrenze der vorgemischten Dieselverbrennung, Dissertation Otto-von-Guericke-Universität Magdeburg, Shaker, 2010

[14]   Breitbach, H.: Experimentelle Untersuchung zu den Ursachen von Materialschäden bei klopfender Verbrennung, Dissertation RWTH Aachen, Shaker, 1996

[15]   Burgold, S., Galland, J.-P., Ferlay, B., Odillard, L.: Modulare indirekte Ladeluftkühlung für Verbrennungsmotoren, Motortechnische Zeitschrift (MTZ) Jahrgang 73 (11/2012), S. 864-869

[16]   Csallner, P.: Eine Methode zur Vorausberechnung der Änderung des Brennverlaufes von
         Ottomotoren bei geänderten Betriebsbedingungen, Dissertation Technische Universität
         München, 1981

[17]   Dahnz, C., Kyung-Man H., Spicher, U., Magar, M., Schiessl, R., Maas, U.: Investigations
         on Pre-Ignition in Highly Supercharged SI Engines Dual-Injection, SAE 2010010355

[18]   Dahnz, C., Kyung-Man, H., Magar, M.: Vorentflammung bei Ottomototoren, FVV-
         Abschlussbericht, Heft 907, 2010, Frankfurt am Main

[19]   Damköhler, G.: Der Einfluss der Turbulenz auf die Flammengeschwindigkeit in Gasgemi-
         schen, Zeitschrift für Elektrochemie und angewandte physikalische Chemie, Volume 46,
         1940

[20]   Daniel, R., Wang, C., Xu, H., Tian, G. et al.: Dual-Injection as a knock mitigation strategy
         using pure ethanol and methanol, SAE 2012011152

[21]   Dolt, R.: Indizierung in der Motorenentwicklung, Die Bibliothek der Technik, Band 287,
         verlag moderne industrie, Landsberg, 2006

[22]   Eberding, B.: Die Brennverlaufsrechnung in der Motorprozess-Simulation, Studienarbeit,
         Technische Universität Berlin, 2013

[23]   Ehrhardt, F.: Eine neuartige Anwendungsmöglichkeit des Turboladers zur Steigerung des
         mittleren Arbeitsdrucks, Motortechnische Zeitschrift (MTZ) Jahrgang 20 (08/1959), S. 313-
         316

[24]   Eichlseder, H., Klüting, S., Piock, W. F.: Grundlagen und Technologien des Ottomotors
         Springer Berlin [u.a], 2008

[25]   Seibel, J., N. N.: Streubänder der FEV GmbH, 2013

[26]   Flaig, B., Beyer, U., Andre, M.-O.: Abgasrückführung bei Ottomotoren mit Direkteinsprit-
         zung, Motortechnische Zeitschrift (MTZ) Jahrgang 71 (01/2010), S. 34-40

[27]   Friedrich, I.: Motorprozess-Simulation in Echtzeit – Grundlagen und Anwendungsmöglich-
         keiten, Dissertation Technische Universität Berlin, Shaker Verlag, 2008

[28]   Ganser, J.: Untersuchungen zum Einfluss der Brennraumströmung auf die klopfende
         Verbrennung, Dissertation RWTH Aachen, Becker-Kuns Verlag, 1995

[29]   Ganser, J., Blaxill, H., Cairns, A.: Hochlast-AGR am turboaufgeladenen Ottomotor, Motor-
         technische Zeitschrift (MTZ) Jahrgang 68 (08/2007), S. 564-569

[30]   Ghojel, J. I.: Review of the development and applications of the Wiebe function: a tribute to
         the contribution of Ivan Wiebe to engine research, International Journal of Engine Re-
         search, Volume 11, S. 297-312, 2010

[31]   Golloch, R.: Downsizing bei Verbrennungsmotoren, Springer, Berlin, 2005

[32]   Gerliner, P.: Numerische Verbrennungssimulation, Springer, Berlin [u.a], 2005

[33]   Gorenflo, E.: Einfluß der Luftverhältnisstreuung auf die zyklischen Schwankungen beim
         Ottomotor, VDI Verlag, Reihe 12 Band 322, Düsseldorf, 1997

[34]   Guhr, C., Zellbeck, H.: Aufladung mit Tieftemperatur-Ladeluftkühlung und AGR , Motor-
         technische Zeitschrift (MTZ) Jahrgang 73 (10/2012), S. 780-789

[35]   Guhr, C.: Verbesserung von Effizienz und Dynamik eines hubraumkleinen turboaufgelade-
         nen 3-Zylinder-DI-Ottomotors durch Abgasrückführung und ein neues Ladeluftkühlkonzept,
         Dissertation Technische Universität Dresden, SDV, 2012

[36]   Grill, M.: Objektorientierte Prozessrechnung von Verbrennungsmotoren, Dissertation
         Universität Stuttgart, 2006

[37]   Grill, M.: Zylindermodul, FVV-Abschlussbericht, Vorhaben R543, Hefte 866-1,2,3, 2008,
         Frankfurt am Main

[38]   Günther, M., Tröger, R., Kratzsch, M., Zwahr, S.: Enthalpiebasierter Ansatz zur Quantifizie-
         rung und Vermeidung von Vorentflammungen, Motortechnische Zeitschrift (MTZ) Jahrgang
         72 (04/2011), S. 296-301

[39]   Günther, M., Uygun, Y., Kremer, F., Pischinger, S.: Vorentflammung und Glühzündung von
         Ottokraftstoffen mit Bioanteilen, Motortechnische Zeitschrift (MTZ) Jahrgang 74 (12/2013),
         S. 994-1001

[40]   Habermann, K.: Untersuchungen zum Brennverfahren hochaufgeladener PKW-Otto-
         motoren, Dissertation RWTH Aachen, Shaker Verlag, 2000

[41]   Hart, M., Gindele, J., Ramsteiner, T., et al.: Der neue Hochleistungsvierzylindermotor mit
         Turboaufladung von AMG, 34. Wiener Motorensymposium, VDI Fortschrittsbericht, Reihe
         12, Nr. 764, S.74-100, Düsseldorf, 2013

[42]   Heinle, D., Riegel, H., Weinbrennner, M.: Klimatisierung mit dem Kältemittel R744,   Au-
         tomobiltechnische Zeitschrift (ATZ) Jahrgang 107 (09/2005), S. 790-795

[43]   Heinle, D., Riegel, H., Weinbrennner, M.:Fahrzeugintegration des R744-Kältekreislaufs
         Automobiltechnische Zeitschrift (ATZ) Jahrgang 108 (06/2006), S. 446-455

[44]   Herweg, R.: Die Entflammung brennbarer, turbulenter Gemische durch elektrische Zündan-
         lagen – Bildung von Flammenkernen, Dissertation, Universität Stuttgart, 1992

[45]   Herwig, H., Moschallski, A.: Wärmeübertragung, 2. Auflage, Vieweg+Teubner, Wiesbaden
         2009

[46]   Heuser, G.: Der Einfluß der Entflammungs- und Verbrennungsphase auf das Klopfen in
         Ottomotoren, Dissertation RWTH Aachen, Selbstdruck, 1993

[47]   Heywood, J. B.: Internal combustion engine fundamentals, McGraw-Hill, New York, 1988

[48]   Hockel, K. G. L.: Untersuchung zur Laststeuerung beim Ottomotor, Dissertation Techni-
         sche Universität München, 1982

[49]   Hohenberg, G.: Experimentelle Erfassung der Wandwärme von Kolbenmotoren, Habilitati-
         onsschrift, Technische Universität Graz, 1980

[50]   Hoppe, N.: Vorausberechnung des Brennverlaufes von Ottomotoren mit Benzin-
         Direkteinspritzung, Dissertation Technische Universität München, 2002

[51]   Hummel, K.-E., Huurdeman, B., Diem, J., Saumweber, C.: Ansaugmodul mit indirektem
         und integriertem Ladeluftkühler, Motortechnische Zeitschrift (MTZ) Jahrgang 71 (11/2010),
         S. 788-793

[52]   IPCC (Intergovernmental Panel on Climate Change) , 5. Sachstandsbericht des IPC.
         Bericht der Arbeitsgruppe III (Mitigation of Climate Change), Berlin, 2014

[53]   Joos, F.: Technische Verbrennung, Springer, Berlin Heidelberg, 2006

[54]   Justi, E.: Spezifische Wärme, Enthalpie, Entropie und Dissoziation technischer Gase ,
         Julius Springer, Berlin, 1938

[55]   Kadunic, S., Ziegenhagen, T.: Abwärmenutzung II (Heat2Cool), FVV-Abschlussbericht,
         Heft R989, 2013, Frankfurt am Main

[56]   Kadunic, S., Baar, R., Scherer, F., Ziegenhagen, T., Ziegler, F.: Heat2Cool-Engine Opera-
         tion at Charge Air Cooling below Ambient Temperature, 22. Aachener Kolloquium Fahr-
         zeug- und Motorentechnik, S.451-461, Aachen, 2013

[57]   Kadunic, S., Baar, R., Scherer, F., Ziegenhagen, T.: Ladeluftkühlung mittels Abgasener-
         gienutzung zur Wirkungsgradsteigerung von Ottomotoren, Motortechnische Zeitschrift
         (MTZ) Jahrgang 75 (01/2014), S. 80-87

[58]   Kadunic, S., Scherer, F., Baar, R., Friedrich, I.: Cool2Power – Increased petrol engine
         power and efficiency through an AC driven intercooling system, 11th International Confer-
         ence of Turbochargers and Turbocharging, London, 2014

[59]   Kadunic, S., Eberding, B., Kühn, G., Baar, R.: Verbrennungsschwerpunktbasierte Brenn-
         verlaufs-Vorausberechnung für homogen betriebene Ottomotoren, Motortechnische Zeit-
         schrift (MTZ) Jahrgang 75 (09/2014)

[60]   Krämer, S.: Untersuchung zur Gemischbildung, Entflammung und Verbrennung beim
         Ottomotor mit Benzin-Direkteinspritzung, VDI Verlag, Reihe 12 Band 353, Düsseldorf, 1998

[61]   Kuhlbach, K., Mehring, J., Borrmann, D., Friedfeld, R.:
         Zylinderkopf mit integriertem Abgaskrümmer für Downsizing-Konzepte
         Motortechnische Zeitschrift (MTZ) Jahrgang 70 (04/2009), S. 286-293

[62]   Lachmann, S., Tahl, S., Lindemann, M.: Störgeräusche in Klopfregelsystemen, FVV-
         Abschlussbericht, Heft 817, 2006, Frankfurt am Main

[63]   Lange, W., Woschni, G.: Thermodynamische Auswertung von Indikator-Diagrammen, elektronisch gerechnet, Motortechnische Zeitschrift (MTZ) Jahrgang 25 (7/1964), S. 284-289

[64]   Lauer, T.: Einfluss der Ladungsbewegung auf die Gemischbildung und Entzündung bei Otto-Motoren mit homogenen Brennverfahren, VDI Verlag, Reihe 12, Düsseldorf, 2007

[65]   Lauer, T., Heiss, M., Bobicic, N., Pritze, S.: Modellansatz zur Entstehung von Vorentflammungen, Motortechnische Zeitschrift (MTZ) Jahrgang 75 (01/2014), S. 64-70

[66]   Lechmann, A.: Modellierung von Wärmeübertragern in den Gaswechselsystemen von Verbrennungsmotoren, Dissertation Technische Universität Berlin, 2008

[67]   Lefebvre, A.-H.: Atomization and sprays, Taylor & Francis, New York [u.a.], 1989

[68]   Löhner, K., Müller, H.: Gemischbildung und Verbrennung im Ottomotor, Springer, Wien, 1967

[69]   Ludwig, O.: Eine Möglichkeit zur echtzeitfähigen, phyikalischbasierten Motorprozessanalyse auf der Grundlage zeitlich fusionierter Messdaten , Dissertation Helmut-Schmidt-Universität Hamburg, Logos Verlag, 2011

[70]   Mahle GmbH (Hrsg.).: Kolben und motorische Erprobung, 1. Auflage, ATZ-MTZ-Fachbuch, Vieweg+Teubner, Wiesbaden, 2011

[71]   Mai, H., Vogt, M., Baar, R., Kinski, A.: Impact of Measurements Uncertainty in the Characteristic Maps of a Turbocharger in Engine Performance, Journal of Engineering for Gas Turbines and Power, Volume 2, 2014

[72]   Matekunas, F. A.: Modes and Measures of Cyclic Combustion Variability, SAE 2011010340, Warrendale, 1983

[73]   Merker, G., Schwarz, C., Stiesch, G., Ott, F.: Verbrennungsmotoren – Simulation der Verbrennung und Schadstoffbildung, 3. Auflage, Teubner Verlag, Wiesbaden, 2006

[74]   Merker, G., Schwarz, C.: Grundlagen Verbrennungsmotoren , 4. Auflage, Vieweg + Teubner, Wiesbaden, 2009

[75]   Miersch, J.: Transiente Simulation zur Bewertung von ottomotorischen Konzepten, Dissertation Universität Hannover, 2003

[76]   Milocco, A.: Ein flexibles, semi-empirisches Verbrennungsmodell für unterschiedliche ottomotorische Brennverfahren, Dissertation Technische Universität Carolo-Wilhemina zu Braunschweig, Verlag Dr. Hut, München, 2007

[77]   Montgomery, D. C.: Design and Analysis of Experiments, 7. Auflage, Wiley, Hoboken, 2009

[78]   Morel, T., Keribar, R.: A Model for Predicting Spatially and Time Resolved Convective Heat Transfer in Bowl-in-Piston Combustion Chambers, SAE 850204, SAE International, Warrendale, 1985

[79]   Morel, T., Rackmil, C. I., Keribar, R., Jennings, M. J.: Model for Heat Transfer and Combustion in Spark Ignited Engines and Its Comparison with Experiments, SAE 880198, SAE International, Warrendale, 1988

[80]   Neugebauer, S.: Das instationäre Betriebsverhalten von Ottomotoren – experimentelle Erfassung und rechnerische Simulation, Dissertation Technische Universität München, 1996

[81]   Nußelt, W.: Das Grundgesetz des Wärmeübergangs , Gesundheitsingenieur Bd. 38, München, 1915

[82]   Pischinger, R., Klell, M., Sams, T.: Thermodynamik der Verbrennungskraftmaschine , 3. Auflage, Springer, Wien, New York, 2009

[83]   N. N.: Porsche Engineering Magazine, Porsche Engineering Group GmbH, Edition 01/2008

[84]   Pucher, H.: Vergleich der programmierten Ladungswechselrechnung für Viertaktdieselmotoren nach der Charakteristikentheorie und der Füll- und Entleermethode, Dissertation Technische Universität Braunschweig, 1975

[85]   Pucher, H.: Grundlagen der Verbrennungskraftmaschinen, Vorlesungsumdruck, Technische Universität Berlin, Berlin, 2007

[86]   Pucher, H., Zinner, K.: Aufladung von Verbrennungsmotoren. Grundlagen, Berechnungen, Ausführungen., 4. Auflage, Springer, Berlin Heidelberg, 2012

[87]   Reulein, H.: Einfluss der Turbokühlung und des Miller-Verfahrens auf die Leistung von aufgeladenen Gasmotoren, Motortechnische Zeitschrift (MTZ) Jahrgang 31 (01/1970), S. 1-10

[88]   Röpke, K., Nessler, A., Lösch, A., Lange, R., Riesberg, T.: Untersuchungen zur schnellen Bestimmung der Klopfgrenze am Motorprüfstand, 3. Tagung Ottomotorisches Klopfen - Irreguläre Verbrennung, Berlin, 2010

[89]   Roesler, C.: Echtzeitfähiges physikalisches Motorprozessmodell – Potenziale für die Steuerung eines Pkw-Ottomotors, Dissertation Technische Universität Berlin, Logos Verlag, 2013

[90]   Rohdes, D. B, Keck, J.: Laminar Burning Speed Measurements of Indolene-Ai-Diluent Mixtures at High Pressures and Temperatures, SAE 850047; Warrendale, 1985

[91]   Rothe, M., Schubert, A., Spicher, U.: Thermodynamischer Ansatz zur Bewertung von Ottomotoren in der Volllast, 7. Internationales Symposium für Verbrennungsdiagnostik, Baden-Baden, 2006

[92]   Russ, S.: A Review of the Effect of Engine Operating Conditions on Borderline Knock, SAE International 960497, Warrendale, 1996

[93]   Sakai, H., Noguchi, H., Kawauchi, M., Kanesaka, H.: A new type of Miller supercharging system for high-speed engines – Part 1 fundamental consideration and application to gasoline engines , SAE 851522, 1985

[94]   Schwarz, C.: Simulation des transienten Betriebsverhaltens von aufgeladenen Dieselmotoren, Dissertation Technische Universität München, 1993

[95]   Schänzlin, K.: Experimenteller Beitrag zur Charakterisierung der Gemischbildung und Verbrennung in einem direkteinspritzenden, strahlgeführten Ottomotor, VDI Verlag, Reihe 12 Band 548, Düsseldorf, 2003

[96]   Scheiba, J., Seiler, F., Theilemann, L.: Brennkraftmaschine, Angemeldet durch PORSCHE AG am 16.07.2007. Anmeldenr: DE20071033324 20070716. Veröffentlichungsnr: DE102007033324 (A1)

[97]   Scherer, F.: Ladeluftkühlung durch Abgasenergienutzung – ihr Einfluss auf die Abgasemission, Dissertation Technische Universität Berlin, 2014

[98]   Spangenberg, S., Adelmann, J., Hettich, A., Hammen, A.: Leichtbaukolben für reibleistungsoptimierte Ottomotoren, 34. Wiener Motorensymposium,   VDI Fortschrittsbericht, Reihe 12, Nr. 764, S.328-342, Düsseldorf, 2013

[99]   N.N.: Motorische Verbrennung, Sonderforschungsbereich 224, Abschlussbericht, Aachen, 2001

[100]   Siebertz, K., van Bebber, D., Hochkirchen, T.: Statistische Versuchsplanung ,   VDI-Buch, Springer Heidelberg [u.a], 2010

[101]   Spicher, U., Worret, R.: Entwicklung eines Kriteriums zur Vorausberechnung der Klopfgrenze, FVV-Abschlussbericht, Heft 741, 2002, Frankfurt am Main

[102]   Spicher, U., Kneifel, A.: Einfluss der Motor-Oktan-Zahl auf moderne Ottomotoren, FVV-Abschlussbericht, Heft 822, 2006, Frankfurt am Main

[103]   Spicher, U., Rothe, M.: Extremklopfer, FVV-Abschlussbericht, Heft 836, 2007, Frankfurt am Main

[104]   Stoffel, B.: Thermische Aufbereitung flüssiger Brennstoffe für schadstoffarme vorgemischte Verbrennung, VDI Verlag, Reihe 3 Band607, Düsseldorf, 1996

[105]   Tabaczinsky, R. J.: Further Refinement and Validation of a Turbulent Flame Propagation Model for Spark Ignition Engines, Combustion and Flame, Volume 39, 1980

[106]   Taitt, D., Garner, C., Swain, E., Blundell, D, Pearson, R., Turner, J.: An automotive engine charge-air intake conditioner system: analysis of fuel economy benefits in a gasoline engine application, IMechE Vol 220 Part D, 2006, S. 1293-1307

[107]   Theissen, M.: Untersuchung zum Restgaseinfluss auf den Teillastbetrieb des Ottomotors, Dissertation Ruhr-Universität Bochum, 1989

[108]   Tholen, P., Huehn, W., Wiedemann, B.: A simple system for levelling the combustion-air temperature of supercharged internal combustion engines, SAE 881153, 1988

[109]   Thoma, M., Keßler, K., Schlerege, F.: Zylinderspitzendrücke, FVV-Abschlussbericht, Vorhaben 815, 2003, Frankfurt am Main

[110]   Tschöke, H., Schultalbers, M., Gottschalk, W., Huthöfer, E.-M., Jordan, A.: Thermodynamische Optimierungskriterien für die Zündzeitpunktabstimmung moderner Ottomotoren, Motortechnische Zeitschrift (MTZ) Jahrgang 72 (01/2011), S. 68-73

[111]   Urlaub, A.: Verbrennungsmotoren, 2. Auflage, Springer, Berlin [u.a], 1995

[112]   van Basshuysen, R.: Handbuch Verbrennungsmotor, 6. Auflage, Vieweg+Teubner Vieweg, Wiesbaden, 2012

[113]   van Basshuysen, R.: Ottomotor mit Direkteinspritzung, 3. Auflage, Springer Vieweg, Wiesbaden, 2013

[114]   von Rüden, Klaus: Beitrag zum Downsizing von Fahrzeug-Ottomotoren, Dissertation Technische Universität Berlin, 2004

[115]   Kabelac, S. et al.: VDI-Wärmeatlas, 10. Auflage, Springer Berlin [u.a], 2006

[116]   Stephan, P. et al.: VDI-Wärmeatlas, 11. Auflage, Springer Berlin [u.a], 2013

[117]   Vibe, I. I.: Brennverlauf und Kreisprozeß von Verbrennungsmotoren, VEB Verlag Technik, Berlin, 1970

[118]   Vogt, M.: Aufladesysteme für Ottomotoren im Vergleich, Dissertation Technische Universität Berlin, Logos Verlag, 2009

[119]   Wahiduzzaman, S., Morel, T., Sheard, S.: Comparison of Measured and Predicted Combustion Characteristics of a Four-Valve S.I. Engine, SAE 930613, SAE International, Warrendale, 1993

[120]   Warnatz, J., Maas, U., Dibble, R. W.: Verbrennung, 3. Auflage, Springer Berlin [u.a], 2001

[121]   Wiedenhöft, D.-O.: Untersuchung von Selbstzündungsvorgängen in einem Ottomotor und in einer Verbrennungsbombe unter besonderer Berücksichtigung von zyklischen Schwankungen im Verbrennungsablauf, Dissertation Universität Kaiserslautern, Selbstdruck, 1993

[122]   Willand, J., Daniel, M., Montefrancesco, E., Geringer, B., Hofmann, P, Kieberger, M.: Grenzen des Downsizing bei Ottomotoren durch Vorentflammung, Motortechnische Zeitschrift (MTZ) Jahrgang 70 (05/2009), S. 422-428

[123]   Witt, A.: Analyse der thermodynamischen Verluste eines Ottomotors unter den Randbedingungen variabler Steuerzeiten, Dissertation Technische Universität Graz, 1999

[124]   Woschni, G.: Elektronische Berechnung von Verbrennungsmotor-Kreisprozessen, Motor-technische Zeitschrift (MTZ) Jahrgang 26 (11/1965), S. 439-446

[125]   Woschni, G.: A Universally Applicable Equation for the Instantaneous Heat Transfer Coefficient in the Internal Combustion Engine, SAE Paper 670931, Warrendale, 1967

[126]   Woschni, G.: Die Berechnung der Wandwärmeverluste und der thermischen Belastungen der Bauteile von Dieselmotoren, Motortechnische Zeitschrift (MTZ) Jahrgang 31 (12/1970), S. 491-499

[127]   Woschni, G, Anisits, F.: Eine Methode zur Vorausberechnung der Änderung des Brennverlaufs mittelschnellaufender Dieselmotoren bei geänderten Betriebsbedingungen, Motortechnische Zeitschrift (MTZ) Jahrgang 34 (04/1973), S. 106-115.

[128]   Zaccardi, J.-M., Lecompte, M., Duval, L., Pagot, A.: Vorentflammungen an hoch aufgeladenen Ottomotoren, Motortechnische Zeitschrift (MTZ) Jahrgang 70 (12/2009), S. 938-945

[129]   Zacharias, F.: Analytische Darstellung der thermodynamischen Eigenschaften von Verbrennungsgasen, Dissertation, Technische Universität Berlin, 1966

[130]   Zahdeh, A., Rothenberger, P., Nguyen, W., Anbarasu, M, et al.: Fundamental Approach to Investigate Pre-Ignition in Boosted SI Engines, SAE 2011010340

[131]   Zinner, K., Reulein, H.: Thermodynamische Untersuchung über die Anwendbarkeit der Turbokühlung bei aufgeladenen Viertakt-Dieselmotoren, Motortechnische Zeitschrift (MTZ) Jahrgang 25 (05/1964), S. 188-195

Anhang

A1 Sensitivitätsanalyse

Variation Luftmassenstrom bei konstantem Luftverhältnis

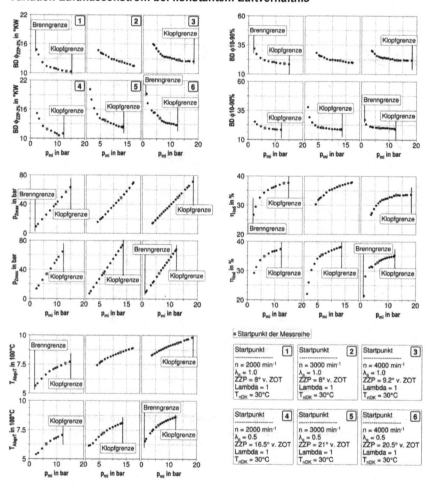

Abb. 102: Einfluss der Last auf die Kenngrößen des Brennverlaufs und die untersuchten Motorbetriebsgrößen

Variation Zündzeitpunkt

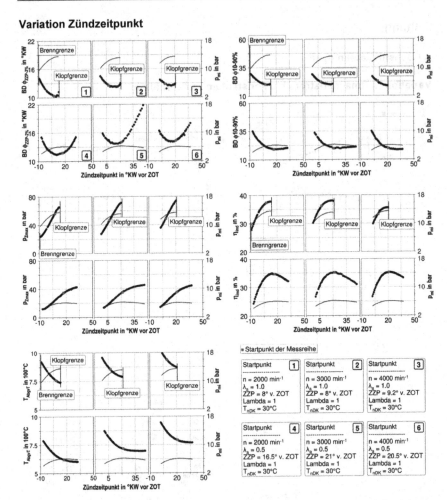

Abb. 103: Einfluss des Zündzeitpunkts auf die Kenngrößen des Brennverlaufs und die untersuchten Motorbetriebsgrößen

Variation Luftverhältnis

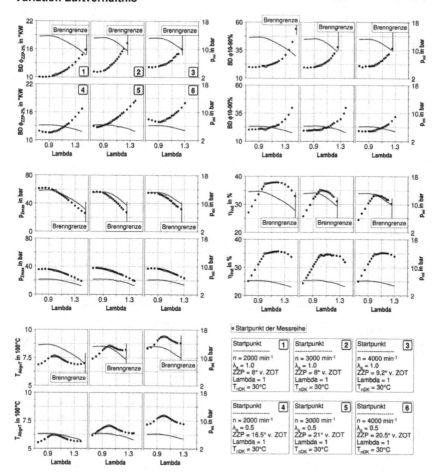

Abb. 104: Einfluss des Luftverhältnisses auf die Kenngrößen des Brennverlaufs und die untersuchten Motorbetriebsgrößen

Variation Motordrehzahl

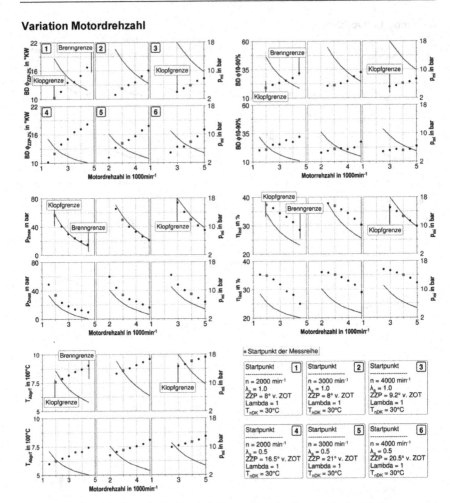

Abb. 105: Einfluss der Motordrehzahl auf die Kenngrößen des Brennverlaufs und die untersuchten Motorbetriebsgrößen

Variation Restgasgehalt

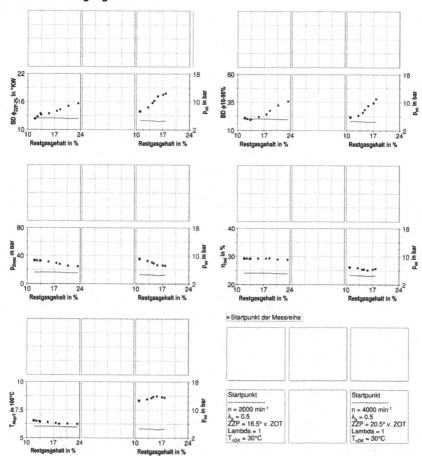

Abb. 106: Einfluss des Restgasgehalts auf die Kenngrößen des Brennverlaufs und die untersuchten Motorbetriebsgrößen

Variation Ladelufttemperatur

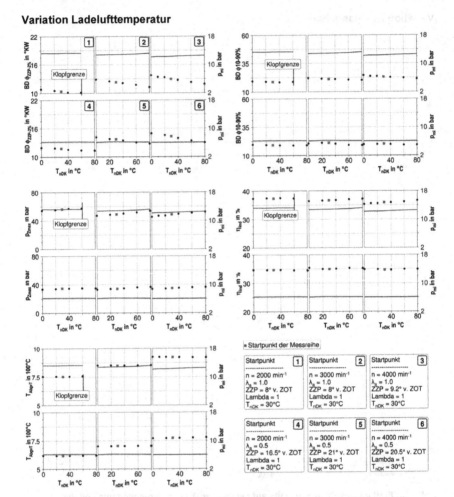

Abb. 107: Einfluss der Ladelufttemperatur auf die Kenngrößen des Brennverlaufs und die untersuchten Motorbetriebsgrößen

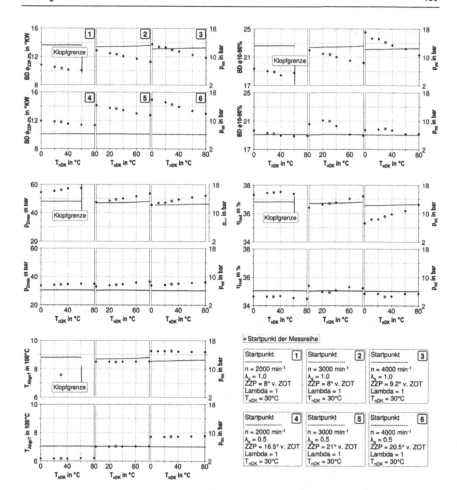

Abb. 108: Einfluss der Ladelufttemperatur auf die Kenngrößen des Brennverlaufs und die untersuchten Motorbetriebsgrößen bei geänderter Skalierung

A2 Krafstoffanalyse

Aussehen/Geruch:	gelblich, klar, sauber / typischer Geruch		
Analysenkriterium	**Methode**	**Dimension**	**Ergebnis**
Dichte bei 15 °C	EN ISO 12185	kg/m³	726,5
Dichte bei 4 °C		kg/m³	736,5
Destillationsverlauf	ISO 3405		
Destillationsbeginn		°C	22,9
5 Vol.-%		°C	42,9
10 Vol.-%		°C	48,6
20 Vol.-%		°C	58,2
30 Vol.-%		°C	68,5
40 Vol.-%		°C	78,6
50 Vol.-%		°C	88,0
60 Vol.-%		°C	97,5
70 Vol.-%		°C	107,7
80 Vol.-%		°C	119,8
90 Vol.-%		°C	143,8
95 Vol.-%		°C	164,1
Destillationsende		°C	190,6
insgesamt verdampfte Menge			
bis 70 °C		Vol.-%	31,6
bis 100 °C		Vol.-%	62,8
bis 125 °C		Vol.-%	83,1
bis 150 °C		Vol.-%	91,5
bis 180 °C		Vol.-%	97,8
Verlust / Rückstand		Vol.-%	0,8/0,7

Analysenkriterium	**Methode**	**Dimension**	**Ergebnis**	
Abdampfrückstand vor/nach n-Heptanwäsche	EN 26 246	mg/100ml	56/1	
VLI	EN 228		969	
Dampfdruck (ASVP)/DVPE	EN 13016-1	kPa	(81,5)/74,8	
Schwefelgehalt ausgedrückt als S	EN ISO 20884 (RFA-Methode)	mg/kg	unter 5 (MW 2,1)	
ROZ uncorr./corr.	EN ISO 5164		99,4/99,2	
MOZ uncorr./corr.	EN ISO 5163		90,2/90,0	
FIA	ASTM D-1319		**unkorr.**	**korr.**
- Aromaten		Vol.-%	30,0	27,7
- Olefine		Vol.-%	3,4	3,2
- Kohlenwasserstoffe		Vol.-%	66,6	61,4
Molekulargewicht (mittleres)		g/Mol		
C/H/O-Gewichtsverhältnis (oder mittlere statistische Summenformel)			$C_{6,7}/H_{13,0}/O_{0,14}$	
Elementarzusammensetzung				
- Kohlenstoff		Gew.-%	83,99	
- Wasserstoff		Gew.-%	13,71	
- Sauerstoff		Gew.-%	2,30	
Heizwert	berechnet			
Ho (oberer)		MJ/kg	45,22	
	entsprechend	kcal/kg	10.801	
Hu (unterer)		MJ/kg	42,21	
	entsprechend	kcal/kg	10.081	
Ho (oberer)		MJ/l bei 15°C	32,85	
	entsprechend	kcal/l bei 15°C	7.847	
Hu (unterer)		MJ/l bei 15°C	30,66	
	entsprechend	kcal/l bei 15°C	7.324	

Printed in the United States
By Bookmasters